水安全及其治理综合策略研究

——以河北雄安新区为例

李维明　何　凡　等著

Study on Water Safety
and Comprehensive Control Strategy

—— Taking Xiongan New Area of Hebei Province as an Example

图书在版编目（CIP）数据

水安全及其治理综合策略研究——以河北雄安新区为例 / 李维明，何凡等著. —北京：中国发展出版社，2019.7

ISBN 978-7-5177-1041-7

Ⅰ. ①水… Ⅱ. ①李… ②何… Ⅲ. ①水资源管理—安全管理—研究—雄安新区 Ⅳ. ①TV213.4

中国版本图书馆CIP数据核字（2019）第166639号

书　　　名：水安全及其治理综合策略研究——以河北雄安新区为例
著作责任者：李维明　何凡　等
出 版 发 行：中国发展出版社
（北京市西城区裕民东路3号9层　100029）
标 准 书 号：ISBN 978-7-5177-1041-7
经　销　者：各地新华书店
印　刷　者：河北鑫兆源印刷有限公司
开　　　本：710mm × 1000mm　1/16
印　　　张：12.5
字　　　数：215千字
版　　　次：2019年7月第1版
印　　　次：2019年7月第1次印刷
定　　　价：68.00元

联 系 电 话：（010）68990630　68990692
购 书 热 线：（010）68990682　68990686
网 络 订 购：http://zgfzcbs. tmall. com//
网 购 电 话：（010）88333349　68990639
本 社 网 址：http://www.develpress. com. cn
电 子 邮 件：330165361@qq.com

前　言

随着新的水问题不断出现，水安全及其治理问题逐渐成为世界关注的热点。2000 年 3 月，第二届世界水论坛发表《21 世纪水安全—海牙世界部长级会议宣言》，第一次系统提出了水安全的概念。在此次会议上，全球水伙伴 GWP 提交了《为了全球水安全：行动框架》的报告，认为水安全的核心思想是用平等、高效和统一的方法来保护水资源本身，同时通过适当的开发活动利用水资源，以满足人类生存的需要，满足农业发展和其他经济活动的需要。随后的历届世界水论坛（2013 ~ 2018）开始关注水安全及其治理的重点领域，包括地方行动、国际合作、设施建设、系统创新、经验分享等。与此同时，20 世纪 90 年代以来，国际有关组织实施了一系列水安全科学计划，如国际水文计划、世界气候研究计划、国际地圈生物圈计划，以及全球能源和水循环试验等，相关国际会议也越来越频繁。

中国水安全及其治理研究起步略晚于国际同类研究，但发展迅速，目前基本与国际同步。尤其近年来，中国政府更加重视从战略的高度来认识和解决水安全问题。2011 年中央一号文件强调“加快水利改革发展，不仅事关农业农村发展，而且事关经济社会发展全局；不仅关系到防洪安全、供水安全、粮食安全，而且关系到经济安全、生态安全、国家安全”，首次将水安全上升为国家战略进行系统考虑。2012年，水利部设立了重大项目“保障中国水安全战略研究”，从防洪安全、供水安全、粮食安全等方面，就水安全战略开展专题研究。2016年，国务院发展研究中心与世界银行合作开展“中国水治理研究”项目，基于对我国水安全态势的基础评估，从法律、体制、机制和技术方面提出了加强中国水治理的建议。

综观国内外水安全及其治理研究历程，大致可以分为三个阶段：第一阶段为20世纪40年代至2006年，水安全问题起源于二战后外交政策，直到21世纪初才逐渐被国际社会重视；第二阶段为2006～2013年，更加重视水安全与经济社会发展的关联，强调通过系统施策来确保水资源安全以支撑经济社会发展。第三个阶段即现阶段，更加突出通过对典型国家和地区具体情况的解析，来评估国家和地区水安全基础状况，并制定相应治理对策。

2017年4月1日，中共中央、国务院决定设立雄安新区。雄安新区是继深圳经济特区和上海浦东新区之后又一具有全国意义的新区，是千年大计、国家大事。地处白洋淀流域的雄安新区，水本应是新城建设的优势资源要素，但在现阶段京津冀水资源供需矛盾突出、生态环境退化的整体背景下，雄安新区水资源紧缺、水污染严重、地下水超采、白洋淀生态用水不足等问题十分突出，水反而成为新区资源和生态环境的短板因子。因此，从长时间尺度看，持续的、长久的水安全保障将是新区建设和发展的头等大事。为此，著者选择雄安新区为案例开展水安全及其治理策略综合研究与系统设计，力求为促进区域经济社会健康发展和流域生态环境持续改善，保障新区水安全提供科学支撑。

本书获得了国家“十三五”重点研发计划重点专项项目“国家水资源承载力评价与战略配置”（2016YFC0401300），国家自然科学基金委员会管理科学部2017年应急项目“雄安新区水安全治理及其策略研究”

（71741035）的支持。上海大学博士后许杰参与了第2、3章的撰写，中国水利水电科学研究院博士王丽珍、王庆明、姜珊、朱永楠分别参与了第3～6章的撰写，湖南农业大学副教授黄文清、中国地质大学副教授张欢、中国工程院博士后胡咏君、北京工业大学李奕潼等参与了文献查找、数据更新、内部讨论、书稿校核等工作。

研究过程中，感谢全国政协人口资源环境委员会提供的实地调研、部委座谈、专家研讨等机会！感谢国务院发展研究中心—世界银行联合项目“中国水治理研究”课题组给予的大力支持！感谢国务院发展研究中心资源与环境政策研究所所长高世楫、副所长谷树忠，中国水利水电科学研究院水资源所副所长赵勇等对课题研究给予的指导和帮助！感谢国务院发展研究中心社会研究部研究员周宏春、张亮，水利部发展研究中心高级工程师王亦宁，清华大学教授黄弘、博士生李瑞奇等在研究中给予的帮助！

由于时间仓促以及著者水平局限，文中难免存在疏漏和不足之处，请读者见谅，并批评指正。

著 者

2019年7月10日

内容提要

水安全问题是20世纪末提出的一个重要概念。进入20世纪以来，由于世界人口剧增，经济迅猛发展，人类和社会对水的需求量大幅度增加，从而导致全球性的水资源短缺和水危机。近年来，有不少学者对水安全及其治理相关理论进行了研究，但仍未形成一个系统科学的理论体系，在学术上对水安全及其治理也无普遍公认定义。本书从水资源、水环境、水生态、水灾害及其综合方面对水安全及其治理进行了系统解析，认为水安全是指一个国家或地区可以保质保量、及时持续、稳定可靠、经济合理地获取所需的水资源、水资源性产品及维护良好生态环境的状态或能力。水（安全）治理则是指为保障水安全，政府、社会组织、企业和个人等涉水活动主体，按照水的功能属性和自然循环规律，在水的开发、利用、配置、节约和保护等活动中，统筹资源、环境、生态、灾害等系统，依据法律法规、政策、规则、标准等正式制度，以及传统、习俗等非正式制度安排，综合运用法律、经济、行政、技术以及对话、协商等手段和方式，对全社会的涉水活动所采取行动的综合。

设立河北雄安新区，是以习近平同志为核心的党中央作出的一项重大历史性战略选择，是千年大计、国家大事。水是华北地区重要的生态要素和雄安新区的核心战略资源。雄安新区的运行和发展离不开水安全保障，社区安全、居民生活和经济社会发展也离不开水安全。保障水安全是实现雄安新区宏伟目标的重要基石，也是新区构建生态城市、打造优美生态环境和改善民生福祉的重要保障。在此背景下，对雄安新区水安全及其治理综合策略进行系统研究，已成当务之急。这是雄安新区实现“先谋后动、规划引领”须先行研究和探讨的重要问题，对于构建水安全韧性雄安新区、打造京津冀乃至全国水安全治理样板具有重要的现实与理论意义。

然而，实地调研发现，雄安新区当前的水安全总体态势依然十分严峻：水资源总量衰减，缺水态势严重；水污染严重，水环境承载力不足；水生态受损，生态空间严重萎缩；防洪体系尚不完善，安全风险较大。与此同时，新区水治理压力较大，突出表现在：尚未形成与新区水安全战略地位相匹配的理念认识与制度优先安排；尚未形成推动新区水安全治理的法制保障与长效机制；尚未形成流域协同共治的有效体制机制；尚未形成与新区战略地位相匹配的资源生态环境标准体系；尚未形成有效解决治理资金瓶颈的多元化投入机制。上述突出问题已成为制约新区全面建成高质量、高水平社会主义现代化城市的明显短板。

为此，本书力图在厘清水安全及其治理内涵基础上，结合雄安新区水安全现状和水安全保障需求，充分借鉴国内外治水经验，从宏观层面系统明确与新区发展定位和目标相匹配的水安全治理思路。具体而言，一要坚持以规划为遵循，生态优先、统筹推进；二要坚持以工程为基础，多源互补，稳定供给；三要坚持以治“淀”为核心，标本兼治、协同治理；四要坚持以流域为单元，系统施治、齐抓共管；五要坚持以尊重自然为原则，分步实施、分类施策；六要坚持以改革创新为动力，法制保障、长效管理。

与此同时，作为雄安新区安全体系的重要组成部分，水安全在雄安新区具有重要的战略地位和作用，科学构建与新区发展定位和目标相匹配的水安全治理体系至关重要。为此，须以重大工程为抓手，系统构建具有雄安特色的水资源保障、水环境治理、水生态修复、水灾害防治、水智慧管理“五位一体”的水安全治理体系。具体而言，一要坚持调水与节水并重，构建供给可靠、利用高效的水资源保障体系；二要坚持减排与治污并重，建立涵盖“源头减污—处理回用—末端治理”全过程的水环境治理体系；三要坚持生态与活水并重，构建以良好水生态系统为基石的新区生态景观格局；四要坚持城镇布局与防洪排涝并重，打造以河道堤防为基础、大型水库为骨干、蓄滞洪区为依托的防洪排涝工程体系；五要坚持制度创新与能力建设并重，建立健全水安全治理的内生动力机制；还要坚持顶层设计与持续升级并重，在保持水安全治理连续性的同时，不断提档升级。

目录

Contents

1. 绪　论

1.1 研究背景与意义

1.1.1 我国水安全正面临新的形势

（1）经济新常态与寻求新动能

我国经济发展进入新常态，呈现速度变化、结构优化、动力转换的明显特点。认识新常态、适应新常态、引领新常态，是当前和今后一个时期我国经济发展的大逻辑，需要努力实现多方面工作重点转变。水是经济社会发展的命脉，必须在适应和引领新常态中勇于担当、积极作为。我国要适应和引领新常态，需要寻找经济新动能，必须充分发挥涉水工程的基础性先导性作用，深入挖掘涉水工程建设吸纳投资大、产业链条长、创造就业机会多的优势；必须充分发挥水资源管理红线的刚性约束作用，以用水方式转变倒逼产业结构调整和区域经济布局优化，推动循环经济、绿色经济和低碳经济发展，实现以环保产业发展腾出环境容量，以水资源节约拓展生态空间，以水生态保护创造绿色财富，促进形成新的增长点、增长极和增长带，为经济社会可持续发展保驾护航，打造我国经济升级版。

（2）新型城镇化与新型工业化

水是新型城镇化的血脉，也是实现国家重大区域战略的重要保障。从提高区域发展可持续性看，人口集中、城市扩张、产业集聚、生活方式变革等新态势，对供水保障、防洪排涝、资源环境提出了新要求。我国要深入推进新型城镇化、一带一路、津京冀一体化、长江经济带等国家重大战略或倡议，必须进一步提高水支撑保障能力，进一步优化水资源配置格局和“三生”空间格局，着力增强重要经济区和城市群水资源水环境水生态承载能力，提高水资源要素与其他经济要素的适配性，努力打造人水和谐的宜居宜业区，确保国家和区域水安全保障能力。

（3）脱贫攻坚与全面建成小康社会

我国幅员辽阔，各地自然条件不同，水资源水环境水生态发展不平衡问题十分突出。与此同时，我国贫困地区分布与水资源禀赋条件高度相关，很多地方穷在水上、难在水上，脱贫的出路和希望也在水上。要让一方水土养得起养得好一方人，就必须着力加快贫困地区水治理，促进贫困地区如期脱贫和全面建成小康社会目标如期实现。我国要落实国家脱贫攻坚战略、实现全面建成小康社会，必须抓紧补齐治水基础设施短板，加快解决关系民生的水利发展和水生态环境保护问题，着力推进城乡水基础设施均衡配置和水基本公共服务均等化。我国正致力于并即将在全国全面建成小康社会，水治理应重点关注改善人民的长期福祉，减少洪涝与干旱灾害及其影响，提高城乡居民饮水安全水平，改善城乡人居环境。

（4）生态文明建设与绿色发展

水是生态环境的主要控制性因素，水生态文明是生态文明的重要内涵和组成部分，协同推进人民富裕、国家富强、中国美丽，必须加快推进水生态文明建设。我国要以美丽中国为目标大力推进生态文明建设和绿色发展，必须加快转变治水兴水管水思路，注重“山水林田湖草”综合系统治理，统筹解决好水资源、水环境、水生态和水灾害问题，促进经济社会发展与水资源环境生态承载能力相协调，促进涉水各部门和各行业间的更有效协调和统筹；同时，需要在产权制度、开发保护、规划、总量控制和全面节约、有偿使用和生态补偿、环境治理体系、环境治理和生态保护市场体系、绩效评价考核和责任追究等方面建立健全相应的水治理制度体系。

（5）应对气候变化与保护生物多样性

水问题既是气候变化的原因，也是气候变化的结果。水治理有助于缓解气候变化的影响，特别有助于防止极端天气对人类生产生活的显著影响，进而有助于减轻气候变化。同样，水是生物多样性及其保护的重要基础，水治理有助于通过保护河流、湖泊、湿地等，保护甚至增加生物多样性。我国作为负责任的大国，致力于国家和地区应对气候变化和保护生物多样性，进而为区域和全球应对气候变化、保护生物多样性做出重要贡献。应对气候变化和保护生物多样性对我国水治理提出了严峻的挑战。

1.1.2 水安全在雄安新区建设与发展中具有重要战略地位和作用

2017年4月1日，中共中央、国务院决定设立雄安新区。设立雄安新区，对于集中疏解北京非首都功能，探索人口经济密集地区优化开发新模式，调整优化京津冀城市布局和空间结构，培育创新驱动发展新引擎，具有重大现实意义和深远历史意义。根据《河北雄安新区规划纲要》，雄安新区定位于北京非首都功能疏解集中承载地，要通过创建绿色生态宜居新城区、创新驱动发展引领区、协调发展示范区、开放发展先行区，将雄安新区建设成为高水平社会主义现代化城市、京津冀世界级城市群的重要一极、现代化经济体系的新引擎、推动高质量发展的全国样板。雄安新区是继深圳经济特区和上海浦东新区之后又一具有全国意义的新区，是千年大计、国家大事。从长时间尺度看，持续的、长久的水安全保障是新区建设和发展的头等大事。

（1）水安全是新区安全体系的重要组成部分

水是京津冀地区乃至华北平原的重要生态要素，对于雄安新区建设举足轻重，其不仅具有“鱼米之乡”的经济效应，也是新区聚集人口、发展产业的关键支撑，具有突出的生态功能、资源功能和经济功能，属于新区的核心战略资源。白洋淀地处华北平原中部，是华北地区最大、最典型的淡水浅湖型湿地，在泄洪蓄洪、调节气候、控制污染、保护物种多样性和维持生态平衡等方面发挥着巨大作用，被称为“华北之肾”。雄安新区规划建设是难得的历史性机遇，其优势在于以习近平总书记为核心的党中央的直接领导，在于雄安与北京、天津形成京津雄等边三角形构架的区位优势，在于“华北之肾”白洋淀符合新型大都市的地理资源特征。习近平主席在中央国家安全委员会第一次会议中明确提出要构建资源安全、生态安全等于一体的国家安全体系。水安全关系到新区资源安全和生态安全，并会直接影响区域经济安全和社会安全，是雄安新区安全体系的重要组成部分。设立和建设雄安新区是党中央的重要战略决策，是千年大计、国家大事，具有重大现实意义和深远历史意义，对水安全保障势必会提出更高的要求。

（2）水安全是新区构建生态城市、打造优美生态环境和改善民生福祉的重要基础

中共中央、国务院批复的《河北雄安新区建设规划纲要》（以下简称《规划纲要》）指出，新区应以“生态优先、绿色发展”等新发展理念为引领，“打造优美生态环境，构建蓝绿交织、清新明亮、水城共融的生态城市”。作为生态系统的控制性因素，水是新区塑造高品质城区宜居空间，维护区域生态健康的关键所在，其安全保障问题至关重要。保护好、修复好新区的水资源、水环境、水生态，并以此带动整个华北平原生态建设，不断满足人民日益增长的优美生态环境需要，改善民生福祉，既是党中央的明确要求，也是雄安新区建设者光荣而艰巨的历史责任，是为构建新区生态安全格局、建设美丽雄安、建设美丽中国作出的应有贡献。

（3）水安全是新区打造“活力之源”、实现高质量发展的重要保障

雄安新区建设恰逢国家推动高质量发展的历史性机遇。要把雄安新区打造成新时代高质量发展的全国样板和创新发展试验区，关键在于积极吸纳和集聚创新要素资源、广聚人才。要使各方人才能够来得了、留得住，必须增强雄安新区的吸引力，形成适宜人才发展的配套环境。通过新区水安全治理，统筹生产、生活、生态三大空间，构建蓝绿交织、和谐自然的国土空间格局，塑造高品质城市宜居环境，增强人民群众的获得感、幸福感、安全感，新区就更有条件成为高端人才集聚之地、高端产业发展之地，成为现代旅游业、服务业的兴盛之地。

1.1.3 雄安新区建设与发展中的水安全保障形势不容乐观

随着雄安新区的建设以及当地区域的城镇化发展，人口结构、产业结构和经济结构将会发生巨大改变，由此也将带来一系列的公共安全问题。其中，以大清河水系和白洋淀为代表的自然环境，在新型城镇化进程中已经并将持续面临更大的水安全压力。

一是雄安新区的水资源条件并不十分优越。新区所在的海河流域是世界上最缺水的流域之一，流域面积32万平方公里，人口1.45亿，人均水资源量仅243立方米。新区辖内的雄县、安新县和容城县水资源更为紧缺，人均水资源量尚不足200立方米。按联合国的标准，一个地区人均水资源占有量若低于500立方米，这个地方就陷入了严重的水危机。目前关于雄安新区建设的详细方案尚未对外公布，但可以预期的是，伴随新型城镇化的推进，如果人口规模能够达到300万，即相当于保定市人口总量的近1/3，未来新区的新增用水量将不可小觑（公开资料显示，2017年保定全市用水总量和地下水开采量控制在不超过28.11亿立方米和19.77亿立方米）。与此同时，尽管雄安新区有华北平原最大的湖泊白洋淀，或将承担为冀中平添一座新城的重任，但白洋淀水系经历了水波荡漾到干涸和污染威胁再到生态补水重现生机的过程。目前白洋淀已经没有大的开阔水面，而是被切割成很多细碎的沟汊，同时还属于地下水超采区。

二是水污染问题严峻。由于存在过度开发，白洋淀上游来水少，为数不多的河流还经常伴有高污染的生活污水和工业废水，加之黄河补水水质较差，导致其作为新区的核心水系，水质问题十分突出，甚至出现一些涉水事件和水事纠纷。据2019年2月河北省水质月报显示，白洋淀水质为Ⅳ类。

三是生态缺水问题突出。白洋淀还有一个重要问题是生态缺水。白洋淀处于白沟、南拒马河、瀑河、漕河、府河、清水河、唐河、孝义河、潴龙河等九河末梢，目前仅府河常年有水入淀，孝义河、瀑河仅部分季节有水，其余河流长期断流。由此导致白洋淀入淀水量小，且富营养化严重，主要依靠引黄入冀补淀工程、穿府济淀工程甚至南水北调工程，来维持白洋淀生态用水需求。

四是洪涝灾害问题也不可忽视。雄安新区位于永定河冲积扇与滏阳河冲积扇所夹的低洼地，排水受阻才形成了白洋淀，加之现有工程防洪能力偏低，导致极易受到洪涝灾害威胁。

1.1.4　加强雄安新区水安全治理势在必行、意义重大

雄安新区既有国家主导、依托京津、交通便利、没有历史负担而便于全新规划等优越条件，同时也面临着水资源缺乏、水环境污染、水生态受损、洪涝灾害易发等不利因素，针对目前雄安新区并不乐观的水安全形势，需要在规划建设中以新理念和新方法为指导，加强水安全治理，因地制宜早做安排、防范风险，以充分体现“千年大计、国家大事”，确保新区建设“不留历史遗憾”。

事实上，当前雄安新区水安全问题与风险的存在涉及诸多因素：政策与法规体系尚不健全、规划不完善与统筹不够、资金投入不足、公众参与缺乏、技术支撑体系薄弱等，而最根本的问题还是治理体系尚不完善，体制机制尚不健全。国内外实践表明，水安全相关问题的解决和风险的防范绝非一朝一夕之功，其解决途径和手段具有高度的综合性，需要创新体制机制，综合运用法律、经济、行政和技术等诸多措施来加以治理。

党的十八届三中全会对全面深化改革作出了系统部署，提出推进国家治理体系和治理能力现代化，明确要求深化生态文明体制改革，加快建立生态文明制度，健全国土空间开发、资源节约利用、生态环境保护的体制机制。与此同时，水安全已上升为国家战略。习近平总书记就保障国家水安全发表重要讲话，明确了“节水优先、空间均衡、系统治理、两手发力”的新时期治水方

针。在此背景下，通过系统明确水安全的科学内涵及其在雄安新区安全体系中的地位和作用，并基于新区水安全的基本态势与主要问题，对水安全治理体系进行系统分析和设计，已成当务之急。这是雄安新区为了在“先谋后动、规划引领”中有必要先行研究和探讨的重要问题，对于水安全韧性雄安新区构建、打造京津冀乃至全国水治理样板具有重要的现实与理论意义。

1.2 研究任务与目标

1.2.1 研究任务

一是水安全及其治理的科学内涵和其在雄安新区安全体系中的地位与作用。①科学界定水安全及其治理的基本内涵，包括概念、特征、基本类型、内容框架、影响因素、理论基础等。②明确水安全在雄安新区安全体系中的地位和作用，重点分析雄安新区水安全与资源安全、生态安全、经济安全、社会安全乃至整个区域安全的关系。

二是我国水安全治理沿革与现状。①系统回顾我国的治水史，归纳我国水安全治理的经验。②结合国内外宏观形势与制度环境的新变化，客观分析和系统把握当前正处于重大和深刻变革期的我国水治理形势，包括取得的成绩、存在的问题以及面临的新形势及新要求等；基于当前水治理态势，从资源、环境、生态、灾害及综合角度，系统提出下一步我国水治理的主要目标与任务。

三是雄安新区水安全态势的基础评估。①系统概述雄安新区的自然地理、河流水系、气象水文、水资源量、经济社会现状及未来规划等相关情况。②从水资源、水环境、水生态、水灾害及综合角度，系统评估雄安新区水安全的基本态势，客观分析其所面临的主要问题与挑战。③系统梳理雄安新区水安全治理的历程、最新进展与面临的突出问题。

四是雄安新区水安全治理体系的综合研究与系统设计。①水安全治理（政策）工具箱设计与选择。治理工具箱的系统设计，重点包括法律工具、行政工具、市场工具、信息工具、技术工具等的研究与设计；治理工具的适用条件分析；治理工具的选用原则、标准与方法。②系统构建雄安新区水安全的保障机制。

五是雄安新区水安全治理的策略与建议。①系统梳理国内外水安全治理的典型案例，结合我国治水史经验，归纳其对雄安新区水安全治理的启示。②在充分借鉴国内外经验基础上，结合新区水安全及其治理态势，科学提出具有可操作性的雄安新区水安全治理策略，包括总体要求、基本思路、重点领域与关键举措等。

1.2.2　研究目标

- 科学界定水安全及其治理的基本内涵。
- 系统明确水安全保障在雄安新区安全体系中的影响与作用。
- 科学评估雄安新区水安全基础态势，识别面临的问题与挑战。
- 系统梳理雄安新区水安全治理历程与最新进展，识别当前所面临的突出问题与挑战。
- 系统梳理中国治水史，以及国内外水安全治理的典型案例，结合雄安新区及白洋淀治水进展，归纳其对新区水安全治理的经验和启示。
- 系统设计雄安新区水安全治理体系。
- 科学提出具有可操作性的雄安新区水安全治理对策。

1.2.3 拟解决的关键科学问题

- 如何在系统总结国内外研究现状与实践基础上，科学界定水安全及其治理的基本内涵？——国内外关于水安全及其治理的定义多、各有侧重、存在差异，且仍在不断演化中，应至少包括水资源安全及其治理、水环境安全及其治理、水生态安全及其治理、水灾防安全及其治理、水事安全及其治理等方面。
- 如何结合所构建的水安全治理框架，系统评估雄安新区水安全及其治理的基础态势？
- 如何选择国内外典型案例，进而归纳总结出对雄安新区水安全治理具有可借鉴意义的经验和启示？
- 如何设计和选择既符合国际水治理发展趋势，又具中国和雄安特色的水安全治理体系及其政策工具箱？
- 结合当前雄安新区水安全及其治理面临的问题和挑战，如何科学设计、创新提出能够充分体现“千年大计、国家大事”且具可操作性的策略建议？

1.3 国内外研究现状

1.3.1 国外研究现状

水安全问题研究起步于20世纪70年代，随着新的水问题的不断出现，水安全及其治理开始逐渐成为世界关注的热点。1972年，联合国第一次环境与发展大会就预言石油危机后的下一个危机便是水危机。1988 年，世界环境与发展委员会特别指出："水资源正在取代石油而成为在全世界引起危机的主要问题。"针对由水引起的国际纷争，2000 年在瑞典斯德哥尔摩召开的主题为"21 世纪的水安全"的国际水问题研讨会指出：水资源不仅仅是一个环境问题，同时也是社会和政治问题。2006 年墨西哥城第四届水资源论坛公布的《世界水资源开发报告》称：全球饮水量在 20 世纪增加了 6 倍，增长速度是人口增长的 2 倍，有 11 亿人缺水，26 亿人无法保证用水卫生；90% 的自然灾害与水有关，水安全问题日趋恶化。随后，2009 年第五届世界水资源论坛在土耳其城市伊斯坦布尔举行，主题是"架起沟通水资源问题的桥梁"，会议通过的部长宣言强调，必须加强水资源的管理和国际合作，保证数十亿人的饮水安全。2015 年在韩国举行的以"水——人类的未来"为主题的第七届世界水资源论坛，则强调作为水资源安全挑战因素的有效解决方案，推动包括整个流域在内的各层面的良好治理，尤其是水资源计划的制定、公众参与、健全的基础设施和自然系统管理体制的必要性。不难发现，水安全问题已成为制约世界经济社会发展、生态环境建设以及区域和平的主要因素。

与此同时，20 世纪 90 年代以来，国际有关组织实施了一系列水科学研究计划，相关国际会议也越来越频繁。这些计划和会议围绕水与可持续发展、水环境保护、水资源科学管理、水资源开发与保护的国际协作、环境变化与水文循环等主题进行研讨。从最具影响的国际水问题会议之一——斯德哥尔摩国际水讨论会十多次会议的主题可以看出，国际水讨论会对水的认识不断深入，逐步从水资源缺乏、水污染、水冲突、水管理升华到水安全及其治理的高度。

针对日益严峻的水安全形势，各国政府及专家学者也就水安全及其治理问题进行了广泛的研究。Beekman 对社会发展与水资源变化之间的关系进行了探讨（Beekman，2002）；Khasankhanova 对乌兹别克斯坦通过公众参与来促进水资源管理的案例进行了分析（Khasankhanova，2005）；Kay 等对世界卫生组织所提出的娱乐业用水定量评估指导方针进行了研究（Kay et al.，2006）；Robertc等对西班牙河与阿尔贝切河水质理化指标时空变化与人类活动、人口密度、休闲娱乐区分布的关系进行了研究；一些国际组织如世界银行还对域管理机构与地方政府关系开展了研究（ World Bank，2017）。在流域治理方面较为成功的范例要数莱茵河流域的水资源一体化管理以及澳大利亚墨累——达令流域与区域协同治理模式；而以色列以节水为核心的水资源持续开发利用，可谓是全球缺水地区水资源开发利用实践的成功典范；此外，在防洪方面，以堤防和水库为核心的日本洪涝灾害防治，以及以洪灾援助为国策的美国国家洪水保险计划（NFIP）等，对我国具有较强的借鉴价值。

1.3.2 国内同类研究状况

我国水安全及其治理研究起步略晚于国际同类研究，但发展迅速，目前基本与国际同步。尤其近年来，我国政府更加重视从战略的高度来认识和解决水安全问题。

水利部前部长汪恕诚提出由工程水利向资源水利转变的水安全战略，把水安全与国民经济和社会发展更加紧密地联系起来，以实现人与自然和谐相处、社会经济可持续发展的水战略目标（汪恕诚，2003、2004）。2001 年，科技部立项开展了“中国水资源安全保障系统的关键技术研究”。2001 年由钱正英、张光斗等 43 位中国工程院院士及一大批专家完成的《中国可持续发展水资源战略研究》，在分析了当前我国水资源的现状和面临的问题基础上，提出了我国水资源开发利用的总体战略（钱正英和张光斗，2001）。该项研究在广泛吸收国内外水安全战略研究最新成果的基础上，针对我国主要水安全问题进行了系统综合的专题研究，是我国水安全战略研究的里程碑。从 20 世纪 80 年代到 21 世纪初，我国进行了两次全国范围内的水资源评价工作，基本摸清了我国水资源的家底与基本变化情况。2003 年首届“中国水安全问题论坛”（2005 年之后改名为“中国水论坛”）在武汉召开，到 2018 年共举办了 16 届，对我国水安全问题进行了多学科、多层次的探讨。同时，我国对水安全脆弱区域和流域进行了大量的研究，取得了巨大成就。国家在“六五”期间设立了“华北地区水资源评价”项目；在“七五”期间设立了“华北地区及山西能源基地水资源研究”项目；在“八五”期间设立了“黄河治理与水资源研究”项目；“九五”期间设立了“西北地区水资源合理开发利用与生态环境保护研究”项目。

此外，一些学者也对我国水安全作出了积极的探索。中国工程院以自然地理范畴的西北地区为研究对象，以水资源为中心，生态环境保护和建设为重点，工农业和城镇建设可持续发展及缩小东西部差距为目标，开展了跨学科、跨部门的综合性研究（中国工程院“西北水资源”项目组，2003）；王浩在对西北地区水资源与生态环境进行系统评价的基础上，面向西部大开发战略，提出了西北水资源的合理开发、高效利用与保护的模式（王浩，2004）；郑通汉提出通过加强水资源安全预警以提高对水资源安全问题的应对能力（郑通汉，2003）。贾绍凤等著的《中国水资源安全报告》从国家安全的战略高度，透过复杂的表象分析我国水资源安全的真实状况，对我国水资源安全进行了系统诊断和评价，回答了国内外众说纷纭的中国水资源是否安全、中国水量是否足够、中国水质是否符合要求等热点问题，明确给出了中国能够提供维护我国粮食安全所需的灌溉用水、中国能够保障快速城市化的城市用水、中国能够提供我国能源基地建设的水资源保障的评价结论，并提出了我国水资源安全的系统对策（贾绍凤等，2014）。谷树忠和李维明则在对水安全内涵及我国水安全形势进行分析基础上，系统提出了建立健全包括组织协调、科学评估、规划引领、市场调节、技术支撑、工程保障、试验示范、社会参与、考核问责和国际协调等在内的保障机制的总体构想（谷树忠和李维明，2015）；夏军等则主要探讨了目前雄安新区建设主要面临的水资源、水质和水生态安全等问题，并对如何应对风险给出了具体对策与建议（夏军和张永勇，2017）。此外，近期国务院发展研究中心与世界银行联合发布的《中国水治理研究》报告，重点从强化法律基础、加强流域治理、优化和完善经济政策工具、加强信息收集和共享等方面提出了政策建议（谷树忠、李维明等，2018）。

综合现有研究成果不难发现，目前针对水安全及其治理的研究，尚未形成一个系统的、科学的框架体系，更多的是偏重于单一或某几个方面，如水资源安全、水环境安全、供水安全等，而结合当前的水安全形势，从整体性、系统性角度对区域乃至国家水安全开展的研究并不多且尚处于起步阶段，针对雄安新区水安全保障的研究也仍较为薄弱。为此，本书针对雄安新区水安全现状以及存在的问题，在科学界定水安全治理内涵基础上，对新区水安全治理体系进行系统设计，并从六个方面系统提出了新区水安全治理重点领域与关键举措，期待可以为学术研究和政府决策提供一定参考。

1.4 研究方法与技术路线

1.4.1 研究方法

（1）文献归纳与比较借鉴相结合

全面梳理和系统总结国内外关于水安全及其治理的基本内涵、主要特征、分析框架、核心工具、基础理论等相关文献，为项目研究奠定坚实基础，同时通过比较借鉴，并在系统梳理国内外典型实践与经验基础上，发展和创新我国的水安全理论体系和水治理（政策）工具并以此来指导雄安新区的水安全治理实践。

（2）分类梳理与系统分析相结合

在评估雄安新区水安全及其治理态势时，先从水资源、水环境、水生态、水灾害等方面进行分领域分析，而后重点对综合治理领域深入分析，系统提出新区水安全及其治理所面临的突出问题与挑战。对雄安新区水安全治理对策建议的研究分析方式亦是如此。

（3）实地调研与典型分析相结合

为创新设计和系统构建雄安新区现代水治理体系，分别针对法制建设、体制保障、机制设计（行政手段与市场手段）、信息共享、技术创新等重点领域，选择典型地区及相关部门进行实地调研与案例分析，重点剖析其在水治理体系和治理能力建设过程中的改革成效与典型经验。

（4）历史回顾与现实思考相结合

我国是一个治水大国，治水的历史可谓源远流长。治水在我国具有特殊地位。通过忆古思今，在系统回顾古代、近代和当代我国治水历史基础上，归纳总结其对当前包括雄安新区在内的我国水安全治理具有借鉴意义的经验与启示。雄安新区尤其辖内的白洋淀治理也由来已久，回顾总结白洋淀治水历史，同样对解决新区现实问题具有重要借鉴意义。

（5）座谈讨论与专家访谈相结合

邀请相关领域专家、官员，通过内部讨论、公开研讨、观点辩论等方式，对雄安新区水安全及其治理态势，以及水治理理念、治理主体、治理内容、治理方法、治理工具等进行研讨，进而综合评估水安全形势和存在的问题、系统设计水安全治理体系，并对实地调研的经验和做法进行理论上的分析与提升。部分问题还专门进行了专家访谈。

（6）开放研究与继承研究相结合

突出国务院发展研究中心研究特色，加强合作，结合我单位与世界银行联合课题“中国水治理研究”、全国政协“加大白洋淀生态保护和修复，有力支撑雄安新区发展”专题调研，以及国内外已有的相关研究成果或正在开展的相关课题，重点对雄安新区水安全治理体系构建的基本框架及热点、难点政策问题开展深入研究，既要打破部门局限性，又要避免陷入学术之争，真正实现与国内外不同机构研究成果的有机融合。

1.4.2 技术路线

以深刻领会党中央国务院关于新国家安全观、新治水思路，以及生态文明和绿色发展系列文件精神为前提，以习近平新时代中国特色社会主义思想为指导，从科学界定和系统明确水安全及其治理的基本内涵和地位作用入手，在全面分析和评估雄安新区水安全基本态势基础上，系统借鉴我国治水史以及典型国家或地区水安全治理经验，科学设计水治理（政策）工具箱，并重点从水资源、水环境、水生态、水灾害及其综合治理等方面，提出建立健全雄安新区水安全治理体系的建议，为国家加强雄安新区水安全治理提供咨询建议，亦为我国其他地区提供治水经验与模式。

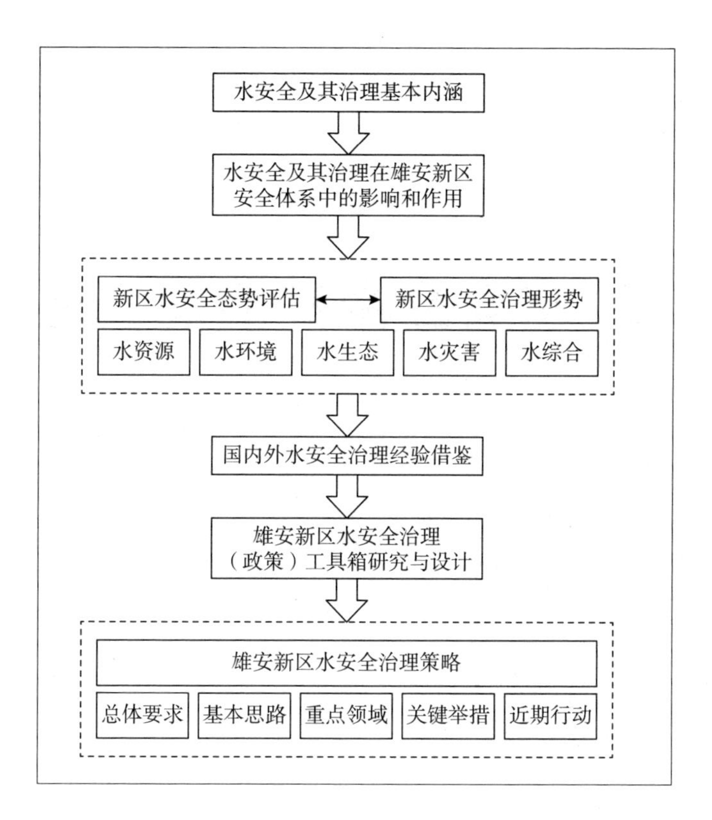
水安全及其治理基本内涵
水安全及其治理在雄安新区
安全体系中的影响和作用
新区水安全态势评估
新区水安全治理形势
水资源
水环境
水生态
水灾害
水综合
国内外水安全治理经验借鉴
雄安新区水安全治理
（政策）工具箱研究与设计
雄安新区水安全治理策略
总体要求
基本思路
重点领域
关键举措
近期行动

图 1.1　技术路线图

2. 水安全及其治理概述

2.1　水安全内涵解析

水安全问题是20世纪末提出的一个重要概念。进入20世纪以来，由于世界人口剧增，经济迅猛发展，人类社会对水的需求量大幅度增加，从而导致全球性的水资源短缺和水危机。1972年联合国第一次环境与发展大会提出："石油危机之后，下一个就是水危机。"1991年在瑞典城市斯德哥尔摩召开了第一次国际水讨论会；1993年，规定每年的3月22日为"世界水日"；1996年成立了世界水理事会，并决定从1997年开始，每3年举行一次大型国际水会议——世界水论坛及部长级会议。2000年3月17 ~ 22日在荷兰海牙举行的第二届世界水论坛及部长级会议签订了《21世纪水安全海牙宣言》，会议提出了"世界水展望"的观点，把"提供水安全"作为21世纪的重要战略目标，并提出了水安全的4个"确保"目标和各国政府实现水安全所面临的7大挑战，以及应对这些挑战的7项主张。第五届世界水资源论坛以"架起沟通水资源问题的桥梁”为主题，于2009年3月16日～22日在土耳其城市伊斯坦布尔举行，会议通过的部长宣言强调，必须加强水资源的管理和国际合作，保证数十亿人的饮水安全。第六届世界水资源论坛2012年3月12日在法国南部城市马赛开幕，主题是“治水兴水，时不我待”，旨在总结往届水论坛和其他国际会议成果，并在水资源的关键领域制定和实施切实有效的解决方案。

水安全在国外最早是作为环境安全的一部分来进行研究的，如20世纪70年代，牛津大学诺曼·梅尔斯教授在《环境与安全》一文中从国家利益方面来论述环境和生态问题对美国国家安全的重要意义，认为“生态完整成为国家安全的核心”；而国内则更多的是把水安全作为资源安全的主要内容进行研究。近年来，有不少学者对水安全相关理论进行了研究，但仍未形成一个系统科学的理论体系，在学术上对水安全也无普遍公认定义，本研究认为一个比较准确的诠释为，水安全是指一个国家或地区可以保质保量、及时持续、稳定可靠、经济合理地获取所需的水资源、水资源性产品及维护良好生态环境的状态或能力。依据水的主要功能，可从以下几个方面来系统地理解水安全的科学内涵：着眼于水的资源功能，强调水资源安全；着眼于水的环境功能，强调水环境安全；着眼于水的生态功能，强调水生态安全；着眼于民生保障与水灾害减缓，强调水灾防安全；以及着眼于水的地区间关系，强调地区间水关系安全。

2.1.1 水资源安全

水资源安全，是指一个国家或地区可以保质保量、及时持续、稳定可靠、经济合理地获取所需水资源的状态或能力。水资源安全具有多重含义：量的含义——水资源的数量充裕与否；质的含义——水质，特别是供水水质（其中尤其以自来水水质为核心）是否安全；时间维度——水资源数量的年际、季节变化较大，从而水资源的持续、稳定保障非常重要；空间维度——水资源的空间可达性，而调水往往作为增强水资源空间可达性的重要手段；经济含义——可以经济合理地获得所需要的水资源，包括成本和价格的合理性。

水资源安全的基本特征：战略特征——水是战略性资源，直接关系国家安全和利益，与生产、生活密切相关；民生特征——水关系广大百姓的生活，是民生保障的重要内容；空间特征——水资源的空间分布差异大、供需错位特征明显，决定了水资源空间调配是保障水资源安全的重要举措；时间特征——水资源分布时间差异性突出，致使水资源安全状态呈年际及季节变化，加强风险及不确定性管理是必然的要求。

水资源安全受多因素影响：既受气象、水文等自然因素的影响，亦受工业化、城镇化、环境污染及其治理、生态占用与修复、地区间关系等因素的影响。

2.1.2 水环境安全

水环境，是指自然界中水的形成、分布和转化所处空间的环境；或指河流、湖泊、水库、沼泽及地下水等水体的环境状况。水环境安全，一般特指水体的水质安全性状；广义的水环境安全，是指支撑人类生存和发展的水体及其服务功能的安全性。包括保障饮用水安全、环境容量内的纳污能力和良好的环境服务功能，如水源地保护、最低生活用水质量管控、水污染综合防治、优美的亲水宜居环境等。

水环境安全的基本特征：基础性——是水安全的基础方面；关联性——关系水资源、水生态安全；空间差异性——与水资源空间分布及污水处理的空间差异相联系；时间变化性——与水资源的时间分布及污水治理的进程相联系。

2.1.3 水生态安全

水生态，是指一个地区或一个流域的水循环和水生生物多样性的态势及其健康性与可持续性。安全的水生态，是指能够实现水体自我修复和水生生物多样性的水生态（系统），如蓄水充足，水土保持良好，湖泊与湿地恢复，维护河流形态的多样化，水生生物多样性得以保持，生态需水得以保障等。

水生态安全的基本特征：水生态安全是水安全的重要方面，同时也是生态安全的重要方面；与水资源安全和水环境安全高度关联；受自然因素与人为因素交织作用；具有显著的时空关联性；其变化呈现渐进性与突发性并存、不可逆性与可修复性并存。

2.1.4 水灾防安全

水灾防安全，是指一个地区或流域的防洪抗旱抗涝等工程或非工程措施具备保护人民生命、财产和身心健康不受到洪水、旱灾影响的基础功能或能力。完善的洪涝灾害治理是指通过水利工程措施、疏排水工程措施、水土保持措施和涉水工程管理等方式，在江河、湖泊和地下水源等的开发、利用、控制、调配和保护的过程中，在极端天气情况下，水库、防洪、防涝、灌溉等工程合理建设、良性运行。

水灾防安全的基本特征：具有突发性和影响范围大的特点，受自然因素和人为因素的共同作用，直接关系人民生命和财产安全。水灾防安全是水安全及治理的重要目标，可以通过严密防守、科学应对、统筹安排、预测预防等方式实现。

2.1.5 水关系安全

（地区间）水关系安全，是指一个地区或国家与周边地区或国家，在水资源、水环境、水生态、水工程等方面建立和发展顺畅、和谐、稳定、持续关系的状态或能力。即一个地区水安全保障应该以不影响其他地区的合理水安全需求为前提。区域尤其是国际水关系及其安全性受地区水资源供需态势、国际河流及其治理、人类涉水活动及其强度、地缘政治等多重因素的影响。由于其敏感性较强，因此本研究暂不涉及。

2.1.6 综合评价指标体系

根据水安全的内涵与系统完备性，参考国务院发展研究中心—世界银行《中国水治理研究》，从以下 5 个方面构建水安全评价的准则层指标：①数量充足性，衡量区域水资源的数量是否可以满足人类工农业等经济活动和日常生活需求；②水质符合性，衡量水质是否满足生活生产和生态用水的水质要求；③可持续性，衡量水资源是否能够保证自身数量、人类开发利用需求和生态功能需求；④成本可承受性，衡量用水户的水价承受能力和整个社会的供水成本承受能力；⑤防洪安全保证性，衡量区域洪涝灾害发生情况以及防洪能力与措施。之后，再进一步确定每个准则的子准则层，并根据指标间相互作用关系，以减少指标之间共线性、提高数据可获得性为原则，精选每一子准则的具体评价指标。最终确定了 20 个评价指标组成的区域水安全评价指标体系（见表 2.1）。

表 2.1　　　　水安全评价指标体系及权重

准则层	子准则层	评价指标
数量充足性	常年需水数量满足程度	农村饮水安全人口百分率
		城镇自来水普及率
		3 年平均旱灾成灾面积率
水质符合性	自然水体水质	I—III 类水质河流长度比例
		I—III 类水质湖泊个数比例
		城市集中饮用水水源水质达标率
	供水水质	城镇自来水供水水质达标率
可持续性	水资源可持续性	当地水资源增减率
		客水增减率
	开发利用可持续性	地表水资源开发利用率
		地下水开采率
	水生态可持续性	出境流量率
		过去 10 年重要湖泊面积变化
成本可承受性	生活水价可承受性	首位城市生活用水价格与人均收入之比
	生产水价可承受性	首位城市水价经济增长弹性
	供水成本可承受性	边际供水成本与人均收入之比
防洪安全保证性	安全效果	3 年平均洪涝人口死亡率
		3 年平均洪涝损失占 GDP 比重
		3 年平均发生内涝城市百分率
	防洪能力	堤防防洪标准达标率

2.2　水安全治理内涵解析

2.2.1　水安全治理定义

国际上关于治理有诸多定义，其中联合国全球治理委员会的定义得到广泛认可，它认为：治理是或公或私的个人和机构管理或经营相同事务的诸多方式的总和。治理是使相互冲突或不同的利益得以调和并且采取联合行动的持续的过程，包括可以迫使人们服从的正式机构和规章制度，以及各种非正式安排。治理主要有以下特征：①治理不是一套规则条例，也不是一种活动，而是一个过程；②治理不只是管制、控制，更多的是注重协商和协调；③治理既涉及政府部门和公共部门，也包括私人部门和公民个人；④治理不是政府的单一行动，而是多主体共同行动。

水安全治理形势千差万别、千变万化，决定了水安全治理的基本内涵及侧重点因时而异、因地而异。结合新时期水问题，参考国内外关于“治理”“水治理”的权威表述，从系统角度对水安全治理作如下定义：水治理是指为保障水安全，政府、社会组织、企业和个人等涉水活动主体，按照水的功能属性和自然循环规律，在水的开发、利用、配置、节约和保护等活动中，统筹资源、环境、生态、灾害等系统，依据法律法规、政策、规则、标准等正式制度，以及传统、习俗等非正式制度安排，综合运用法律、经济、行政、技术以及对话、协商等手段和方式，对全社会的涉水活动所采取行动的综合。

须从如下维度对水治理内涵进行系统理解：

（1）治理主体——除政府外，企业、社会组织、公民个人均可作为水治理的主体，呈现出多元化趋势。

（2）治理依据——除强制性的国家法律、政策、标准外，权力来源还包括各种非强制的契约，以及一些传统、习俗等非正式制度安排。

（3）治理范围——较传统水管理而言，治理领域更宽阔，强调以公共领域为边界，而非仅仅局限于政府权力所及领域。

（4）治理手段——强调综合运用法律、经济、行政、技术以及对话、协商等手段和方式，来解决复杂的水问题；尤其鼓励自主管理，强调通过协商和合作，实现权力的上下互动和平行互动，而非一味强制性的自上而下。

（5）治理需求——强调水资源治理、水环境治理、水生态治理、水灾害治理、水事治理以及统筹资源、环境、生态、灾害等的系统综合治理，旨在确保一个国家或地区保质保量、及时持续、稳定可靠、经济合理地获得所需水资源；确保水体的水质安全性，及支撑人类生存和发展的水体及其服务功能的安全性；确保流域水循环和水生生物多样性的态势及其健康性与可持续性；确保江河、湖泊和地下水源开发、利用、控制、调配和保护水资源各类工程的安全；确保正常生活和生产所需水资源的供给。

2.2.2 水安全治理典型特征

同时，归纳总结水安全治理具有如下典型特征：

（1）基础性。水以气态、液态和固态三种形式存在于空中、地表和地下，包括大气水、海水、陆地水（河、湖、沼泽、冰雪、土壤水和地下水），以及生物体内的生物水。作为自然界的重要组成物质，水是人类、动植物、土地和生态等绝大部分自然资源中普遍存在的资源，其不仅是生命的构成要素，而且是整个生态系统的维持要素。且水是人类赖以生存的必不可少的重要物质，是工农业生产、经济发展和环境改善中无可取代的自然资源。因此，水治理对于保障生命系统和生态系统安全运行具有基础作用，且与粮食生产、能源、生态、居民健康、经济发展和社会稳定等息息相关。

（2）系统性。水与多种自然资源具有高度的相关性，与环境、生态紧密相关，其自身之间也存在广泛的关联性。水治理是水资源、水环境、水生态、水灾害治理等多个方面的综合，这几者之间也不是相互独立的，具有很强的整体性，如水资源治理的程度，与水生态、水灾害之间有很强的关联性；水生态与水环境也有很强的关联性。

（3）动态性。水治理是一个动态问题，任何国家和地区在不同时期都会不断出现新的问题，而且水本身的流动性、循环性和水量的利害两重性，也使得水治理问题更为复杂多变。

（4）层次性。水安全的不同尺度，产生了国家水治理、流域水治理、区域或地区水治理，以及群体水治理和个体水治理等衍生概念。

2.3 相关理论基础

2.3.1 资源安全理论

资源安全是指一个国家或地区可以保质保量、及时持续、稳定可靠、经济合理地获取所需的自然资源及资源性产品的状态或能力（谷树忠和李维明，2014）。资源安全分为战略性资源安全和非战略性资源安全；又可分为水资源安全、能源资源安全（包括石油安全）、土地资源安全（包括耕地资源安全）、矿产资源安全（包括战略性矿产资源安全）、生物资源安全（包括基因资源安全）、海洋资源安全、环境资源安全等。

资源安全有五种基本含义。一是数量含义，即量要充裕，既有总量的充裕，也有人均量的充裕，但后者较之前者更具意义。二是质量含义，即质量要有保证，于是产生了最低质量的概念，例如最低生活用水质量。三是结构含义，即资源供给的多样性，供给渠道的多样性是供给稳定性的基础。四是均衡含义，包括地区均衡与人群均衡两方面。资源分布的不均衡，亦即资源的非遍布同质性，增加了资源供给的时间和成本，是导致资源安全问题的原因之一；人群阶层的存在，特别是收入阶层的存在，导致获取资源的经济能力（支付能力）上的差异，也是影响资源安全的重要因素之一。五是经济含义，即一个国家或地区可以从市场（特别是国际市场）上以较小经济代价（如较低价格）获取所需资源的能力或状态。

资源安全受到多重因素影响，包括资源基础、人口增长、国际贸易、科学技术、经济发展、地缘政治、生态环境、文化教育、体制机制等（谷树忠和李维明，2014）。

资源安全具有四个典型特征。一是目的性或针对性。资源安全问题的研究和管理具有目的性和针对性，目的是要发现不安全因素、不安全领域、不安全方面和不安全地区，并有针对性地进行调适和干预。二是动态性或可变性。资源安全问题与资源稀缺问题一样，是一个动态问题，任何国家或地区在资源安全领域都会不断出现新的问题。三是层次性或尺度性。资源安全有大小之分，于是产生了国家资源安全和区域或地区资源安全，群体资源安全和个体资源安全等衍生概念。四是互动性或相关性。不同类资源安全之间，资源安全与生态安全、环境安全、食物安全及经济安全之间有互动性或相关性，具体表现为高度的正相关性，亦即其他安全状态的改进有助于资源安全状况改进。

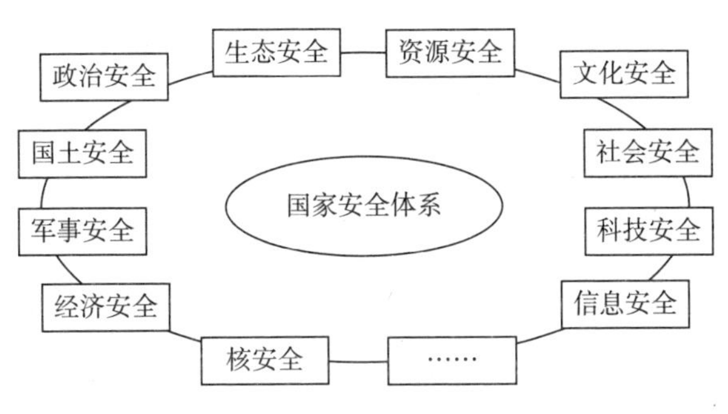

图 2.1　资源安全与国家安全

资源安全的内涵越来越广泛，资源安全的重要作用也上升到了国家安全的高度。习近平总书记主持召开中央国家安全委员会第一次会议时强调："必须坚持总体国家安全观，走出一条中国特色国家安全道路"，并明确指出要构建集政治安全、国土安全、军事安全、经济安全、文化安全、社会安全、科技安全、信息安全、生态安全、资源安全、核安全等于一体的国家安全体系。其中，资源安全是国家安全的重要组成部分。当然，资源安全也越来越受到世界各国的关注和重视，都开始或者已经纳入各国国家安全体系之下。各国对战略性资源的重视程度前所未有，资源安全已经成为保障国家安全的核心内容之一。其原因是多方面的。一是资源对于人类生存与发展的贡献是基础性的、不可替代的，由此自然资源往往被称为自然资源基础，即人类生存和发展不可或缺的基础。二是资源供给的有限性，自然资源往往在数量、质量等方面有其极限或限制，不可能随心所欲、永无止境地索取。三是自然资源对于社会经济发展支撑能力往往呈现削弱之势，石油、水、耕地等资源危机层出不穷。四是自然资源开发利用保护不当引发的生态环境问题日益严重，水、大气、土壤污染的影响广泛而深远。五是自然资源特别是战略性资源的国际争夺愈演愈烈，并成为主导国际关系、地缘政治的主要因素。资源外交、资源军事等应运而生。六是自然资源开发利用引发的社会、政治、民族等问题日益显现，“资源诅咒”或“资源陷阱”在部分国家、地区，特别是资源富集区或资源输出地时常发生。

2.3.2 生态安全理论

生态安全概念自20世纪70年代提出后，由于其内涵的丰富复杂，就一直众说纷纭、莫衷一是，因而迄今未能形成统一的广为接受的定义。目前对于生态安全这一概念，有狭义和广义的两种观点：①狭义生态安全观是指自然生态系统或者半自然生态系统的安全。对于一个完整、健康、有活力的生态系统而言，其生态安全包含着4个核心内容和基本特征：具有生命演化特征的客观实体，具有时间空间维度的复杂系统，具有承载修复能力的功能单元，具有可持续性的物质信息载体。②广义生态安全规则从生态—经济—社会复合系统来认识生态安全问题。国际应用系统分析研究所（IIASA）于1989年提出的生态安全定义就是广义生态安全的经典表述：生态安全是指在人的生活、健康、安乐、基本权利、生活保障来源、必要资源、社会秩序和人类适应环境变化的能力等方面不受威胁的状态，包括自然生态安全、经济生态安全和社会生态安全，构成了一个复合的生态安全系统。

生态安全定义还存在两方面的局限：一方面，仅考虑了生态风险（指特定生态系统中所发生的非期望事件的概率和后果），而忽略了脆弱性的一面（指一定社会政治、经济、文化背景下，某一系统对环境变化和自然灾害表现出的易于受到伤害和损失的性质）；另一方面，仅把生态安全看成一种状态，而没有考虑生态安全的动态性（崔胜辉等，2005）。针对这一局限，生态安全可以定义为人与自然这一整体免受不利因素危害的存在状态及其保障条件，并使得系统的脆弱性不断得到改善。一方面，生态安全是指在外界不利因素的作用下，人与自然不受损伤、侵害或威胁，人类社会的生存发展能够持续，自然生态系统能够保持健康和完整。另一方面，生态安全的实现是一个动态过程，需要通过脆弱性的不断改善，实现人与自然处于健康和有活力的客观保障条件。从生态系统的观点来看，一个健康的生态系统是稳定的、可修复的和可持续的，具有自我维持、自我调控、自我演替、自我发展的组织结构和系统功能，并能够保持对一定胁迫后的恢复力。健康的生态系统能够提供食物、清洁淡水、清洁空气、废弃物循环等各种生态服务，包括如果一个生态系统的健康水平受到损害，生态系统服务必将减少乃至消失。生态安全，主要聚焦于生态系统健康维持和生态服务安全提供，必须要求人类活动影响不得超过临界点，即生态系统必须维持所需的最低的结构水平、活力水平和弹性水平。

一般来说，生态安全具有整体性、不可逆性、长期性等特点，其内涵十分丰富（吴柏海，2016）。

（1）生态安全是人类生存环境或人类生态条件的一种状态。或者更确切地说，是一种必备的生态条件和生态状态。也就是说，生态安全是人与环境关系过程中，生态系统满足人类生存与发展的必备条件。

（2）生态安全是一种相对的安全。没有绝对的安全，只有相对安全。生态安全由众多因素构成，其对人类生存和发展的满足程度各不相同，生态安全的满足也不相同。若用生态安全系数来表征生态安全的满足程度，则各地生态安全的保证程度可以各不相同。因此，生态安全可以通过反映生态因子及其综合体系质量的评价指标进行定量评价。

（3）生态安全是一个动态的概念。一个地区、区域或国家的生态安全不是一劳永逸的，它可以随环境变化而变化，反馈给人类生活、生存和发展条件，导致安全程度的变化，甚至由安全变为不安全。

（4）生态安全强调以人为本。生态是否安全是以人类所要求的生态因子的质量为标准来衡量的，影响生态安全的因素有很多，但只要其中一个或几个因子不能满足人类正常生存与发展的需求，生态安全就是不及格的。也就是说，生态安全具有生态因子一票否决的性质。

（5）生态安全具有一定的空间地域性质。生态安全的威胁往往具有区域性、局部性，能引起全球、全人类生态灾难的要素不是普遍的；这个地区不安全，并不意味着另一个地区也不安全。

（6）生态安全可以调控。不安全的状态、区域，人类可以通过整治，采取措施，加以减轻或解除环境灾难，变不安全因素为安全因素。

（7）维护生态安全需要成本。生态安全的威胁往往来自于人类的活动，人类活动引起对生态环境的破坏，导致生态系统对自身产生威胁。要解除这种威胁，人类需要投入，这应计入人类开发和发展的成本。

同时，科学理解生态安全内涵，需要深入把握4个关键问题（吴柏海，2016）。

（1）生态安全是状态性与动态性的结合。毫无疑问，生态安全首先是一种状态，即生态安全是自然与人类整体获得生存发展的生态条件状态。但如果仅仅停留在此，则是静止地错误认识了生态安全。因为，生态安全其本质是一个不断前进、不断变化、不断积累的动态过程。这也就是说，某一个区域和国家的生态安全不是一成不变的，生态安全状况随着条件变化而变化。一旦条件有变，生态安全体系随时发生临界条件变化，反作用于人类生活、生存和发展条件，甚至从安全变为不安全、进而发生生态灾害和事故。

（2）生态安全是绝对性与相对性的结合。生态安全的绝对性，一方面是说人类对生态安全风险或者灾害是无法承受的，生态安全没有重启模式；另一方面是说生态安全有一个系统阈值，如果某一项或者几项阈值不符合人类生态安全的要求，则该生态安全系统訇然萎地、毁于一旦。与此相对，生态安全的相对性是指没有绝对的安全，只有相对安全。任何追求绝对安全的想法和行动，如同水中捞月一样是不可能实现的。认识到生态安全的绝对性和相对性，有助于我们根据人类生存发展的安全需要，通过建立起不同尺度的反映生态因子及其综合体系质量的评价指标，以定量评价安全状况、采取应对行动、维护生态安全。

（3）生态安全是时间维度与空间维度的结合。生态系统与时空相联系，以生物为主体，是一个由多要素、多变量构成的复杂系统。因而，生态安全是随着人类生态系统的结构、功能和利用变化而变化，取决于在一定时空条件下人类所要求的生态因子的质量。

（4）生态安全是生态功能客观存在与主体价值发现的结合。生态功能实质上是指自然生态系统及其组成物种产生的对人类存在和发展具有支持作用的状况和过程，即自然生态系统维持自然的结构和功能过程中所产生的对人类存在和发展具有支持和效用的产品、服务、资源和环境。生态功能种类多样，不以人的意志为转移，是依附自然生态系统而存在。但是，在人类生态系统的世界里，人类以客观存在的生态功能满足其需求过程中，不断发现生态功能的产品、调节、文化和支持等多种价值。可以说，人类维持自身的生存发展就是利用生态系统功能的过程，这一过程包括损害生态功能的类型，也包括人类主动修复和保育生态功能。人类若能够合理利用生态功能，则可以永续发展；反之，生态系统服务将减少甚至消失，人类生存发展将面临挑战和威胁。所以说，生态安全是主观与客观相结合的过程，是人类尊重自然规律、根据自身需求、发挥主观能动性不断发现生态服务价值的过程。

生态安全的本质在于为人类可持续发展提供生态条件这一基本保障，形象来说，就是人类寻找其生存发展的安全操作空间。因此，一般认为，维护生态安全关键在于科学有效的生态系统管理，包括三个方面：一是生态系统风险性管理；二是生态系统脆弱性管理；三是生态资源资产管理。生态风险性表现了生态压力造成危害的概率和后果，建立应急机制应对生态灾害突发事件的危害。生态脆弱性主要通过从分析生态系统胁迫的类型、表现、成因和机制等出发，评价生态安全状况和采取保障措施。生态资源资产管理是立足于生态功能区划，将生态功能作为资产进行管理，分析生态资产密度和消耗临界状况，利用各种手段不断改进生态系统管理、增进生态资源资产、支撑可持续发展（吴柏海，2016）。

2.3.3 流域综合管理理论①

关于流域综合管理，由于在自然、地理、经济、政治体制和社会构架等方面存在差异，国际上人们对它的理解也不相同，但大多强调以流域为单元，对水、土、生物等资源进行综合管理。在世界自然基金会（WWF）的建议和支持下，2003 年我国环境与发展国际合作委员会启动了“中国流域综合管理”课题。2004 年 10 月该课题组向政府有关部门提交了题为《推进流域综合管理，

① 黄河，张旺，庞靖鹏：流域综合管理内涵和模式的初步分析，载于《水利发展研究》，2010，10（3）：1-7页。

重建中国生命之河》的政策研究报告，并提出了我国开展流域综合管理的目标、原则、基本框架和政策建议；2007 年 4 月，在澳大利亚国际发展署的资助下，WWF 组织相关专家开展了“中国流域综合管理战略研究”项目，提出了推进流域综合管理的概念框架与政策建议。WWF 对流域综合管理的定义具有一定的代表性，他们认为：流域综合管理是指在流域尺度上，通过跨部门与跨行政区的协调管理，开发、利用和保护水、土、生物等资源，最大限度地适应自然规律，充分利用生态系统功能，实现流域的经济、社会和环境福利最大化以及流域的可持续发展。

从概念的表述看，这两个概念所强调的目标、行动、手段基本一致。流域综合管理强调以流域为单元进行管理，水资源综合管理对这一点也非常重视。作为水资源综合管理的纲领性文件《21 世纪议程》中就特别强调指出：“水资源综合管理包括土地和水两方面的综合管理，应在流域或子流域的尺度上实施。”因此，我们认为，流域综合管理包括流域环境管理、资源管理、生态管理以及流域经济和社会活动管理等一切涉水事务的统一管理。它基于流域基本单元，把流域内的生态环境、自然资源和社会经济视为相互作用、相互依存和相互制约的统一完整的生态社会经济系统，以水资源管理为核心，以生态环境保护为主导，以流域水资源可持续利用和经济社会可持续发展为目标，采取行政、法律、经济、科技、宣传教育等综合手段，根据流域水资源条件和经济社会发展、人民群众生活水平提高和生态环境保护的要求，从全局、战略和系统的理念出发，协调社会、经济、环境和生产、生活、生态用水等各方面的关系，综合统筹安排流域内防汛减灾、水资源配置、开发利用、节约保护、监督管理以及其他与水有关的资源管理活动的过程。流域综合管理使流域的经济社会发展与水资源环境的承载能力相适应，实现以供定需，以水定发展，在保护中开发，在开发中保护，通过全面建设节约型社会，大力发展循环经济，认真制定并严格执行流域长远规划，实行统一管理、依法管理、科学管理，规范人类各项活动，综合开发、利用和保护水、土、生物等资源，充分发挥流域的各项功能，最大限度地适应自然经济规律，力争流域综合效益的最大化，维持江河健康生命，使人与自然和谐共处，实现流域社会经济和环境全面协调可持续发展，确保流域防洪安全、水资源安全、生态环境安全、饮水安全、粮食安全。

如何实施流域综合管理受一个国家的政治体制制约，受经济社会发展状况等因素的影响，如果仅就流域综合管理的概念来谈管理，而不与国家的政治体制和经济体制相结合，不与国家的水资源禀赋和基本国情相适应，没有太多的实际意义。为了更好地理解流域综合管理，必须把握好以下几点：

一是体现发展的理念。从国内外的实践来看，流域综合管理的内容和形式不是一成不变的，而是处于不断地发展和变化过程之中。例如，田纳西流域管理局一直被视为实施流域综合管理的代表，但在其发展过程中，其法律结构基本保持不变，而目标则随需求的变化而不断调整。近年来，它致力于将以建设为主转变为以运行维护和环境管理为主的机构。再如，澳大利亚墨累—达令河流域，从 20 世纪 80 年代就成立了墨累—达令流域部长委员会、流域委员会、社区咨询委员会等三大流域管理机构。为了应对持续干旱、缓解环境压力等新形势的需要，2008 年，墨累—达令流域管理机构进一步改革为由联邦部长、部长委员会、流域官员委员会、流域管理局、流域社区委员会组成的新架构。即便是从我国七大流域机构的设立和发展来看，其不同时期流域管理的重要职责和任务也不尽相同。因此，流域管理在特定时期有特定的要求，不同的形势需要不同的体制。不同阶段流域综合管理的内涵不同，我们既不能否定以前流域管理实践中具有综合管理的内容，也不能一味地强调已经取得的成绩而忽视综合管理的发展和创新之意，流域管理在新时期和新条件下应该有新的形式和内容，重要的是要把握好发展在流域综合管理中的应有之义。

二是秉承可持续发展的思想。流域综合管理产生于全球可持续发展共同主题背景下。流域综合管理必须以流域水资源可持续利用为目标，在满足人类淡水资源的需求的同时，维护流域生态系统结构和功能的完整性，保持生物多样性，实现人与自然的和谐，实现流域经济社会的可持续发展。

三是统筹考虑各方面的要求。1992 年在都柏林水和环境国际会议上提出的四条原则，被视为水资源领域进行改革的基础。我们可以从中把握“综合”一词的具体涵义，即要综合考虑水的多种功能、多种用途，不能为了实现一种功能或用途，而使水的其他功能受到过度损害或影响；要综合考虑水资源与其他资源和生态环境之间的关系，通过水资源的可持续利用促进流域的可持续发展；要综合考虑上下游、左右岸、不同用水户之间的利益，使不同的人群都能从水资源的开发利用中受益，并确保公平。“都柏林原则”仅为我们水资源管理提供了一个基本原则，需要在实践中进一步丰富和完善。根据水资源的特性和管理的要求，我们还需要把“综合”的内涵进一步拓展：既要考虑经济社会发展需要，也要考虑水资源水环境承载能力；既要考虑地表水，也要考虑地下水；既要考虑水量，也要考虑水质等。

四是强调手段而非教条。流域综合管理不是一个教条的管理框架，从本质上讲它是一种措施和手段，或者叫灵活的工具。通过加强水的治理结构，不断促进正确决策以适应不断变化的形势和要求，避免决策因为没有考虑到门类众多的部门活动而导致生命财产损失和资源耗竭，避免决策因素没有公开、公正和透明导致一方利益受损。切勿混淆了手段与目的的关系，流域综合管理本身不是目的，也不能当成目的。

流域综合管理与传统的流域管理相比具有以下特点：

一是在管理目标上，强调开发利用与生态保护的多元化管理目标。河流具有经济功能和社会功能，是集物理、化学、生物要素于一身的生态系统，系统各组成成分间的相互关系异常复杂，使得任何单一的管理目标都无法实现水资源的可持续利用。流域综合管理使水利工程更多地向多元化目标发展，包括减少洪水损失、提高行洪能力、改善航运能力、提供水源、水土保持增加水源涵养能力、保护水质和生物多样性、保护湿地、调节水文情势等。从实践看，河流管理目标也正在不断做适应性调整，走向多目标化管理，提升传统目标管理的质量。

二是在管理主体上，强调利益相关者的共同参与。水问题的解决包含了对自然系统及其容量、脆弱性及制约的认知程度以及各个层面的理解，是一项复杂的工作，需要不同部门与地区之间的合作，需要上中下游、左右岸、不同用水户等的共同参与。在多数情况下，不同利益相关者代表的是相互冲突的利益，其关心的水资源管理目标可能存在较大的差异。为了解决这些问题，吸收利益相关者参与管理，建立解决冲突的综合管理机制，通过流域规划、公众参与、信息共享等方式促进利益相关方的交流与沟通，都是有效解决问题的办法和措施。

三是在管理内容上，强调把流域作为一个整体来统筹考虑流域内各种资源和环境。流域不仅是江河水资源存在的承载体，同时也是一个以江河干支流水系为纽带把各种资源有机结合起来的资源综合体，是人类生存和经济发展的水环境。因此，应将与流域健康相关的水、土壤、大气和生物等相关因素纳入综合管理的范畴，并综合考虑水资源开发利用对资源、环境和人类的影响，以实现流域水资源利用的可持续性、公平性和合理性。

四是在管理程序上，强调管理中的民主决策和协调协商。流域管理也经常涉及目标的冲突，因而协调和协商是综合管理的重要工具。流域综合管理并不是一味强调要建立一种新型的管理体制，而是强调综合的决策观和协调机制，并提高相应的管理能力。在实施流域综合管理中，可以建立部门间协议式协调机制，也可以采取流域联席会议等形式。协作同样也可以采取多种形式，如建立和改进相应的管理机构、系统的合并、人员的调整、设备和数据的共享、基础设施投资的整合等。

五是在管理支撑上，强调基础信息的综合性和决策手段的系统化。正如任何管理都需要信息支撑一样，流域管理也同样需要充分可靠的信息，以及正确使用这些信息的能力。一是建立可供决策使用的信息库，包括水文、生物、物理、经济、社会和环境特征等。二是需要具备重要因素变化的响应预测能力，包括流量变化、污水排放、污染物的扩散、农业或其他土地利用方式的变化、蓄水设施的建设等。综合管理为保证决策、管理内容的全面性，不仅需要多学科信息知识结合，更需要支持复杂决策过程的决策技术、水资源利用与保护的低成本技术等。除了传统的交互式数据库、预测法、经济模型等，还需要新技术的支撑，如地理信息系统和专家支撑系统等，以解决水资源管理中涉及工程、经济、环境和社会方面的复杂问题，对人类活动效应进行预测，优化决策结果等。建立对自然系统的量化评价体系对制定综合政策具有重要支撑作用。

3. 我国水安全治理沿革及现状

3.1 我国治水史及其经验启示

3.1.1 我国治水史回顾[①]

从夏商周开始，各历史时期水治理的重点任务随社会发展需求的不同而不同，水治理体制随之发生演变。

（1）古代水治理

古代水治理以防洪、灌溉、漕运最为重要。远古时期大禹率领开展大规模治水活动，开启了以政府为主导的水治理体制。其后历朝历代防洪建设从未间断，东汉王景修筑黄河堤防，经历 800 多年没有发生大的改道与决口。北宋黄

① 《完善水治理体制研究》课题组：我国水治理及水治理体制的历史演变及经验，载于《水利发展研究》，2015，15（8）：5–8页。

河又开始频繁决口，治河防洪再次提上议事日程，同时期长江干流中游的商业和交通重镇亦开始筑堤。黄河于南宋年间开始夺淮入海，700 年间，与淮河、长江相互纠结，带来巨大防洪问题。明清两代治河投入的人力、物力和财力超过以往任何朝代，清代河工经费一度高达国家财政收入的 1/8 ~ 1/6。

商周时期实行井田制，灌溉开始得到国家重视。春秋战国时期，出于富国强兵的需要，各诸侯国普遍重视修建引水灌溉工程，其中以秦国的郑国渠和都江堰、魏国的引漳十二渠和楚国的芍陂最为著名。秦国的强大与大兴水利有着至关重要的关系。隋唐宋时期，农田水利取得长足发展，长江中下游及太湖流域的塘浦圩田日渐发展，始建于秦汉时期的河套平原引黄灌区、岷江流域的都江堰等灌排工程体系等都得到进一步发展。明清时期，珠江流域发展成为我国南方重要经济区，围田与基围发展迅速，有效扩大了耕种面积。

春秋战国时期，出于战争运输兵饷的需要，各诸侯国普遍重视开凿运河。隋朝开凿运河，将海河、黄河、淮河、长江和钱塘江五大水系连接在一个水运网中。唐、宋以及五代期间，南北大运河成为各王朝都城的生命线。元代定都北京后，在南北大运河基础上开凿京杭大运河，使北方政治中心与南方经济中心连接起来。明清时期“国之大事在漕，漕运之务在河”，河务之要是“治河保漕”。

中国历代都在中央机构中设置管理水利的部门、职官。秦汉以来历代均在中央设置有水行政管理机构。隋唐建立三省六部以来，主要由工部从事治水政令的管理。明清以来，工部属官改称都水司，成为专设的中央水行政机构。

出于对江河安澜的重视，秦汉以来中央政府均单独设立派出机构与官员，主管水利工程建设的计划、施工、管理等。唐及宋金元时期设都水监，管理江河治理工程。明清时期，江河管理体制进一步发展，创设了专门的河道管理机构——总理河道衙门与河道总督。清代河道总督与主管一省或数省地方政务的总督级别相当。

地方水利管理机构大体分为文职和武职两个系统，与历代地方行政建制有关。地方一般都设有专职或兼职的农田水利官员，重要灌区还设有专门官员负责监督。例如都江堰工程在东汉时设都水掾、都水长，蜀汉时设有堰官，清代则专设水利同知。支渠、斗渠以下或较小的灌区，一般由民间组织自治管理，实行渠事公议、渠长公举等制度。

（2）近代水治理

1840 年鸦片战争以来，我国封建经济加速解体，逐步沦为半封建半殖民地社会。1855 年黄河改道入渤海，京杭运河在山东被拦腰截断而萎缩成区间运河，1902 年废除漕粮征收制度后，京杭运河的漕运使命宣告终结。日本侵华战争使中华民族陷于生死存亡的危急境地。这一时期，水治理的主要任务仍是防洪、灌溉和航运等，水利在局部地区有所发展，但总的来说是日渐衰落。

孙中山先生提出整治长江、黄河、海河、淮河、珠江五大江河、建设三峡工程的设想。西方近代科学技术的引进，促进了我国水利技术和理论的发展，推动了坝工、水电、船闸的初步实践。

民国初年，北洋政府将水利分属内务部和农商部，随后设置全国水利局，由三个机构协商办理。1934 年统一全国水利行政，由全国经济委员会总管全国水利事项，下设水利委员会。政府逐步认识到流域治理的重要性，在一些比较重要的河流设立流域管理机构。1947 年，水利委员会改组为水利部，并统管黄河水利工程总局、长江水利工程总局、淮河水利工程总局、华北水利工程总局、东北水利工程总局、珠江水利工程总局等流域水政机构。全国共有 17 个省份设置了水利局。此外，1915 年创建了我国第一所培养水利人才的学校——南京河海工科专门学校；1931 年成立了我国第一个水利学术团体——中国水利工程学会。

（3）当代水治理

新中国成立至 1988 年《水法》颁布，治水的中心任务是治理江河、防治水旱灾害、发展农田水利、水电建设，工作内容主要是水利工程建设。世纪之交，特别是 1998 年后，治水思路发生深刻变化，水利工作更加注重水生态保护与修复、水资源节约保护、水环境污染防治等。

1988 年前，水利部与电力部等部门几度分分合合。1988 年《水法》颁布，国家对水资源实行统一管理与分级、分部门管理相结合的制度，水利部作为国务院水行政主管部门，负责全国水资源的统一管理，有关部门按照职责分工负责相关涉水事务管理。2002 年《水法》修订，国家对水资源实行流域管理和区域管理相结合的管理体制，水利部负责全国水资源的统一管理和监督工作，国务院有关部门按照职责分工，负责水资源的开发、利用、节约、保护有关工作。2018 年，政府进行了机构改革，大刀阔斧地调整生态保护和自然资源管理等机构设置与职能配置，重点设立了生态环境部、自然资源部，优化了水利部的职能。

3.1.2 我国治水史经验启示

（1）治国必须治水

“圣人治世，其枢在水”，从秦始汉武，到唐宗宋祖，再到清朝康熙，历代善治国者均以治水为重。古代农业社会，治国必先治水。其一，农业是国家根本，农作物的生产需要水，农田灌溉是保障。其二，频繁发生的水旱灾害影响到人民生活。抗灾防洪从古至今都是国家的一项重要职能。其三，漕运水运成本低、效率高，解决了古代政治中心和经济中心长期分离的状况。因此，良好的水治理对我国政治、经济和社会发展具有极端重要性，我国作为世界上水旱灾害比较频繁的国家之一，治水成败左右着国运的兴衰，治国必须治水，这是我国几千年来的历史结论。

（2）治水思路需因时而异、因地而异

古代水患系自然现象，治水重点是抵御旱涝、农业灌溉和漕运，在方法上通过因势利导，采取工程措施即可奏效；当代水问题不单是自然现象导致，还有人为因素，水旱灾害频发等老问题尚未根本解决，水资源短缺、水环境污染、水生态退化等新问题更加凸显，治水思路需转变。为此，各行各业需在一定的法律、伦理、规划与管理的制约下运用现代技术共同努力，因时变换、因地制宜、与时俱进。

（3）治水必须有强有力的组织保障

治水是事关人民生命财产安全的重大问题，需要有专门的机构、统一的意志和强有力的人物来指挥，并需要各方面的协作与配合。我国历史上有作为的统治者都设立了专门的治水机构和官员治水。可以说，我国的水政管理机构基本上是伴随着国家的产生而产生的。如前所述，我国水利职官的设立，始于原始社会后期。《尚书·尧典》中记载禹担任的司空一职就是主管水利、水事的官员。冥某为夏朝水官，为防汛治水而殉职。此后，历朝历代都在中央设立有专门的水利管理职官，秦汉是都水长（令、监等），隋唐至明清，水政管理机构不断完善，官制设立不断增多，形成了一整套完备的自上而下的水政管理体系。隋、唐、宋都在工部之下设立水部，主管水政。明清在工部之下设立都水清吏司，还设立总理河道、河道总督等治河机构。民国初期，著名实业家张謇督办导淮事宜，成立导淮总局。民国三年，扩大为全国水利局，为民初主管水政的最高机构。国民党统治时期，曾设立过全国水利委员会，1947 年成立水利部。新中国成立后，中央政府成立水利部，主管全国水利事业。水利管理机构和职官的设置，表明治水和管水在我国一直受到政府的高度重视。而治水能力与水平，是从古至今考量官员成绩的一项重要标准。此外，每次较大规模的治水活动，都是由中央政府来组织实施。如隋代南北大运河和元代京杭大运河的开凿，如此庞大的水利工程如果不是由中央政府主持，并举全国之力进行建设，要取得成功是难以想象的。

（4）治水兴水“匹夫”有责

治水历来需要社会各方的努力与配合。无数治水英雄人物，为造福中华民族建立了不可磨灭的丰功伟绩，他们的治水勋业和献身精神是中华民族伟大智慧创造能力和优秀品质的集中体现。在中华民族的发展史上，最负盛名、最受推崇的治水英雄当属大禹。大禹为制服为害人民的滔天洪水，“腓无胈，胫无毛，沐甚雨，栉甚风”（《庄子・天下》），“抑洪水十三年，过家不入门”（《史记・河渠书》），“卑宫室而尽力乎沟洫”（《论语・泰伯》）。继大禹之后，历代治水英杰辈出。孙叔敖主持修建的我国最早的大型灌溉工程——期思雩娄灌区（后世又称“百里不求天灌区”）和我国最早的蓄水灌溉工程——芍陂，为楚国的经济繁荣和政治稳定作出了巨大贡献。西门豹在漳河右岸开成了著名的引漳十二渠，开启我国多首制大型引水渠系之先河，使邺的田地“成为膏腴”。李冰在四川灌县（今属都江堰市）岷江上主持兴建驰誉世界的都江堰，使川西平原成为“水旱从人，不知饥馑，时无荒年”的天府之国。从古代郑国开凿郑国渠的数万民众，汉时的召信臣、王景、马臻，唐代的姜师度，北宋的范仲淹、苏轼以及兴修木兰陂的钱四娘，元代水利专家郭守敬，明朝的潘季驯、徐光启及汶上老人白英，清朝的靳辅、陈潢、林则徐以及“老河工”郭大昌和“开渠大王”王同春，到近代热心水利的冯玉祥和水利先驱李仪祉等，他们都为中华民族的水利事业做出了杰出贡献。

（5）治水需有章可循

古代治水注重循章管理。经过治水实践，人们获得了种种经验，并形成了约束有关各方面的条例，可以说是水利法规的起源。春秋时期，就有“无曲坊”的条约规定，汉朝有倪宽制定的水令。隋唐之后，水利管理制度逐渐成形，唐朝《水部式》、北宋《农田水利约束》、金代《河防令》、明朝《水规》及明清时期的“四防二守”制度等都是要遵守的水利规范，形成了严明的组织纪律和一整套水利法规。从民国时期的《水利法》，到新中国《水法》及大量治黄专项章程，我国的水利法制建设源远流长，成果丰硕，效果明显。围绕黄河治理形成的法制意识和大量奖惩制度，构成我国法制史的重要来源和组成部分。此外，历史上的岁修制度、水利职官制度、防洪经费管理制度、汛情和灾情奏报制度、赈灾备荒制度等的制定和实行有效地保证了当时治水工程的顺利进行，对保护农业生产和国家稳定发挥了重要作用。我国古代水利法规和制度都是在历朝实践的基础上总结并制定的，使当时的水治理有法可循，有利于水利建设和农业生产的发展。

（6）治水投资必须充分保障，且其工程建设必须具有适度超前性

治水关系百姓安危，社稷稳定。治水作为国家重大工程，需要投入巨大的人力财力。以投入人力计算，西汉时期“吏卒治堤救水岁三万人以上”；财政方面，日常仅面临河患危险的地方维护费用，财政投入“濒河十郡治堤岁费且数万万”。而西汉一年国库，以处于昭宣中兴时期的汉宣帝为例，国家财政收入每年不过四十余万万，仅上述地方一年治水费用占用将近十分之一。此外，大堤加固、城墙修缮等无不需要巨额投入。东汉王景治理黄河，“虽简省役费，然犹以百亿计”。清代“首重治河”，康熙年间每年河工花费不过几十万两银子，到乾隆年间已经每年 300 万两了，嘉庆年间，河道淤积，机构膨胀，年费

600 万 ~ 700 万两，而每年清政府国库收入维持在 4000 万 ~ 6000 万两。随着社会经济的发展，对水利保障的要求越来越高，与之相适应，国家对治水的投入也逐步有所提高。当然，治水是一种投资、劳力密集，施工周期较长，涉及社会经济诸方面的系统治理工程，善治水者常常会对治水工程需求有预见性，且会确保其建设规模和速度的适度超前。唯如此，才能保证国民经济和各项社会事业持续、稳定、快速地发展。

（7）治水要按科学规律办事，树立质量第一的思想

治水工程尤其是大型工程事关百年大计，事关人民生命财产安全，须稳扎稳打，切忌贪多性急，影响工程质量。历史上的部分水利工程沿用至今，与其严格的质量保障体系密不可分。如明王朝强制执行“质量追溯制”，每一处工程都将制砖窑匠、造砖夫与提供劳役的人户，基层组织负责人以及监工官吏实名刻在砖头上，一旦出现事故，相关责任人将会被追责甚至被处死。

（8）治水必须延揽人才，重用人才，培养人才

历史证明，治理江河水患，特别是兴建大中型水利工程，技术和管理人才必不可少。根据记载，我国历史上采取过重任、专责、尊崇、信赖、举荐、广纳等比较开明的水利人才政策，以推动水利事业的发展。治理江河水患，特别是兴建大中型水利工程，对科学技术要求较高，需要强有力的科技力量作为支撑。这就需要延揽人才，重用人才，培养人才，充分发挥工程技术人员在治水中的科技主导作用。

（9）治水应在治标的同时着重治本

纵观历史，“避—堵—疏—导—（治）沙—全面治水”治水思路的转变，

充分体现了治标向治本的转变。治水只有着重治本，才能从源头上遏制生态环境恶化的趋势和水土流失的进一步发展，从而减轻乃至根除洪水灾害的威胁，保障江河的安澜；同时也只有治本，治标的成果才能得以巩固。否则，即使已取得的治标成果也难以维持。反思历史上的水利枢纽工程，一定程度上仍是治标之举，其发挥作用也只能是几十或上百年，治本之计在于绿化荒山，治理水土流失，再造秀美山川。我国有代表性的事例就是在新中国成立之初治理黄河时，偏重于在黄河中上游兴建水利枢纽工程，兴建水库的梯级开发，而未能将系统地治理黄土高原及西北地区的水土流失看作是治理黄河的重中之重、治本之策来对待，以致造成一定的失误。治水必须按照人与自然和谐的理念，对水问题坚持标本兼治，综合治理。

（10）治水工程必须统筹兼顾

治理江河湖泊是改造自然和社会的宏大事业、系统工程。在制定规划和设计方案的时候必须做到统筹全局，系统谋划。因为治水规划和方案一旦出现偏差和失误，其损失和影响将是巨大和深远的。防洪工程规划及其建设，既要重视全流域的防洪问题，也要关注中下游的排涝问题，防洪与排涝并重，避免治理工作中的畸重畸轻。与此同时，兴建水利枢纽必须注重蓄水拦沙、减缓河道淤高，综合利用电力、灌溉、水运等功能，同时必须保证农田的充分利用。以黄河治理为例，实践证明历史上的分流不能解决黄河的泥沙淤积问题，当然也不可能从根本上解决黄河的防洪和治理问题。于是，人们不得不探索治理黄河的新途径。这一探索实际上从西汉时期就开始了。到明朝中叶，潘季驯总结前人的经验，提出了“以堤束水，以河治河”“束水攻沙”“以清释混”等一系列主张，把过去单纯的防洪思想转移到注重治沙，把治水与治沙结合起来。因此，举办治水工程，在规划决策时运用系统的方法和思想是不可或缺的，它能使我们真正做到统筹兼顾，避免大的失误。

3.2 我国水安全治理现状与重点任务

当前中国步入新时代，我国水安全所面临的形势正在发生重大和深刻变化，机遇与挑战并存，需要对其进行客观分析和系统把握，并在适应新形势的基础上，以解决突出问题为导向，系统提出下一步我国水治理的目标与任务，这对保障国家水安全，加快推进我国水治理体系和治理能力现代化建设，至关重要。

3.2.1 我国水安全治理形势

（1）近年来我国水治理取得的成效

水安全上升为国家战略。我国政府明确了“节水优先、空间均衡、系统治理、两手发力”的新时期治水方针，出台并实施了《关于实行最严格水资源管理制度的意见》《水污染防治行动计划》等。

最严格水资源管理制度基本建立。水资源开发利用控制、用水效率控制、水功能区限制纳污“三条红线”指标实现省市县三级行政区全覆盖，年度考核工作扎实开展。万元工业增加值和万元国内生产总值（GDP）用水量分别从“十一五”末的 90 立方米、150 立方米下降至 2015 年的 61 立方米和 105 立方米（2010 年可比价），2018 年更是降低到 45 和 73 立方米（2015 年可比价）；农田灌溉水有效利用系数由“十一五”末的 0.50 提高到 2017 年的 0.548。

水污染防治工作取得积极进展。水污染防治规划体系逐步完善，包括标准与达标排放、总量控制、排污许可、限期治理等在内的“命令—控制类”政策工具逐步强化，市场化减排机制在探索中前行，水污染防治能力建设稳步提高，技术政策逐步完善。目前主要水污染物排放叠加总量已经进入平台期。

水生态保护工作不断加强。《全国重要江河湖泊水功能区划（2011–2030年）》获批，全国重要水功能区纳污能力核定工作完成，175个重要饮用水水源地安全达标建设工作启动。多地划定并公布了地下水超采区，制定和实施了地下水限采计划。生态修复、生态调水工作积极推进。

防汛、抗旱、减灾成效显著。七大江河初步形成了以水库、堤防、蓄滞洪区为主体的拦、排、滞、分相结合的防洪工程体系。与“十一五”相比，洪涝灾害死亡失踪人数、受灾人口、受灾面积分别减少64%、38%、28%，因洪灾死亡失踪人数为1949年以来最少。

水工程建设全面提速。流域和区域水资源配置格局、大江大河大湖防洪体系不断完善，大中城市污水处理设施工程建设任务基本完成，农村饮水安全工程建设任务全面完成。到2016年底，全国农田有效灌溉面积已超10亿亩，占比达54.7%，2011 ~ 2018年全国发展高效节水灌溉面积12000万亩。

供水保障能力大幅提升。2017年全国总供水量为6043亿立方米，约为新中国成立初期的6倍。城市自来水普及率达到97%以上，供水保证率达到95%以上，生活用水基本得到满足。农村自来水普及率76%，集中式供水人口比例提高到82%以上，3.04亿农村居民和4152万农村学校师生喝上安全水，基本解决农村饮水安全问题。

重点领域改革取得积极进展。鼓励引导社会资本参与重大水利、水污染防治和水生态修复工程建设运营。推进农业水价综合改革、水权确权登记、水权交易、排污权交易等试点。全面推进河长制和湖长制，加强对重要河流及湖泊的系统监管与治理。建立国家水资源管理信息系统。精简重大水建设项目审批程序。推进水工程建设管理体制改革，项目招投标全面进入公共资源交易市场，开展水工程建设市场主体信用体系建设。

依法治水、管水得到加强。修订后的《环境保护法》《水污染防治法》《水土保持法》等正式施行,《太湖流域管理条例》《南水北调工程供用水管理条例》等颁布实施。大力推进水利综合执法，开展了河湖管理范围划定及水利工程确权划界，并加强河道采砂、河湖管理等监督执法。

专栏一　对最严格水资源管理制度的解读

根据水利改革发展的新形势新要求，在系统总结我国水资源管理实践经验的基础上，2011 年中央 1 号文件和中央水利工作会议明确要求实行最严格水资源管理制度，确立水资源开发利用控制、用水效率控制和水功能区限制纳污“三条红线”，从制度上推动经济社会发展与水资源水环境承载能力相适应。针对中央关于水资源管理的战略决策，2012 年国务院发布了《关于实行最严格水资源管理制度的意见》，对实行最严格水资源管理制度工作进行全面部署和具体安排，进一步明确水资源管理“三条红线”的主要目标，标志着实行最严格水资源管理制度已经上升为国家战略。

最严格水资源管理制度指导思想是：以水资源配置、节约和保护为重点，强化用水需求和用水过程管理，通过健全制度、落实责任、提高能力、强化监管，严格控制用水总量，全面提高用水效率，严格控制入河湖排污总量，加快节水型社会建设，促进水资源可持续利用和经济发展方式转变，推动经济社会发展与水资源水环境承载能力相协调，保障经济社会长期平稳较快发展。

水资源开发利用控制红线，就是对社会水循环系统的取耗水通量进行刚性约束，以协调统一依存于自然水循环系统的经济社会和生态环境用水的关系。水功能区限制纳污红线，是对社会水循环系统的污染物排放量进行刚性约束，以协调水体纳污能力和经济社会系统排污量的关系。用水效率控制管理红线，是通过全社会全面深度的节水，以实现资源环境约束条件下的水资源的供需平衡和水资源的可持续利用。

在最严格水资源管理制度实践中，与之配套的有河长制，取水许可与水资源论证制度，水资源用途管制制度，地下水管理和保护制度，用水定额、计划用水和节水管理制度，水价和水资源费制度，水功能区划及相关管理制度，重要饮用水水源地安全评估制度，水资源管理考核制度等一整套制度，四项控制指标在考核中进一步被细化分解为若干项考核指标，形成一套指标体系。

表 3.1　近年出台的水治理相关重大法规文件

年代	名称	主要内容
2010 年	《全国水资源综合规划》	全国水资源节约、保护、配置和可持续利用的战略目标、总体思路、主要任务与对策措施
2011 年	《中共中央 国务院关于加快水利改革发展的决定》	加强农田水利等薄弱环节建设；加快水利基础设施建设；建立水利投入稳定增长机制；实行最严格的水资源管理制度；创新水利发展体制机制；加强对水利工作的领导
2012 ~ 2013 年	《长江流域综合规划》等七大流域综合规划（国务院批复）	流域治理、开发与保护的指导思想、基本原则、总体目标、控制性指标、规划方案等
2012 年	国务院《关于实行最严格水资源管理制度的意见》	加强水资源开发利用控制红线管理，严格实行用水总量控制；加强用水效率控制红线管理，全面推进节水型社会建设；加强水功能区限制纳污红线管理，严格控制入河湖排污总量；建立水资源管理责任和考核制度
2015 年	国务院《水污染防治行动计划》	全面控制污染物排放；推动经济结构转型升级；着力节约保护水资源；强化科技支撑；充分发挥市场机制作用；严格环境执法监管；加强水环境管理；保障水生态环境安全；明确和落实各方责任；强化公众参与和社会监督
	《中共中央 国务院关于加快推进生态文明建设的意见》	强化主体功能定位，优化国土空间开发格局；推动技术创新和结构调整，提高发展质量和效益；全面促进资源节约循环高效使用，推动利用方式根本转变；加大自然生态系统和环境保护力度，切实改善生态环境质量；健全生态文明制度体系；加强生态文明建设统计监测和执法监督；加快形成推进生态文明建设的良好社会风尚

续表

年代	名称	主要内容
2015 年	中共中央 国务院《生态文明体制改革总体方案》	健全自然资源资产产权制度；建立国土空间开发保护制度；建立空间规划体系；完善资源总量管理和全面节约制度；健全资源有偿使用和生态补偿制度；建立健全环境治理体系；健全环境治理和生态保护市场体系；完善生态文明绩效评价考核和责任追究制度；加强生态文明体制改革的实施保障
2016 年	国务院《关于全民所有自然资源资产有偿使用制度改革的指导意见》	完善国有土地资源有偿使用制度；完善水资源有偿使用制度；完善矿产资源有偿使用制度；建立国有森林资源有偿使用制度；建立国有草原资源有偿使用制度；完善海域海岛有偿使用制度；加大改革统筹协调和组织实施力度
	中共中央办公厅 国务院办公厅《关于全面推行河长制的意见》	全面建立省、市、县、乡四级河长体系。各省（自治区、直辖市）设立总河长，由党委或政府主要负责同志担任；各省（自治区、直辖市）行政区域内主要河湖设立河长，由省级负责同志担任；各河湖所在市、县、乡均分级分段设立河长，由同级负责同志担任。县级及以上河长设置相应的河长制办公室。各级河长负责组织领导相应河湖的管理和保护工作
2017 年	中共中央办公厅 国务院办公厅《关于划定并严守生态保护红线的若干意见》	明确划定范围；落实生态保护红线边界；有序推进划定工作；确立生态保护红线优先地位；实行严格管控；加大生态保护补偿力度；加强生态保护与修复；建立监测网络和监管平台；开展定期评价等
	中共中央办公厅、国务院办公厅《关于在湖泊实施湖长制的指导意见》	各省（自治区、直辖市）要将本行政区域内所有湖泊纳入全面推行湖长制工作范围，到 2018 年年底前在湖泊全面建立湖长制，建立健全以党政领导负责制为核心的责任体系，落实属地管理责任
2019 年	中共中央办公厅 国务院办公厅《关于统筹推进自然资源资产产权制度改革的指导意见》	健全自然资源资产产权体系；明确自然资源资产产权主体；开展自然资源统一调查监测评价；加快自然资源统一确权登记；强化自然资源整体保护；促进自然资源资产集约开发利用；推动自然生态空间系统修复和合理补偿；健全自然资源资产监管体系；完善自然资源资产产权法律体系

数据来源：本研究整理。

（2）当前我国水治理面临的突出问题

首先，水资源供需矛盾仍十分突出。我国水资源人均量明显不足，仅为世界平均水平的28%。用水效率低下，水资源浪费严重，万元工业增加值用水量为世界先进水平的2 ~ 3倍，农田灌溉水有效利用系数远低于0.7 ~ 0.8的世界先进水平。局部水资源过度开发，超过水资源可再生能力。同时，快速工业化和城镇化加剧水资源供需矛盾，且这种压力在相当长时间内难以逆转。

其次，水环境质量改善是一个长期过程。生态环境部数据显示，目前我国工业、农业和生活污染排放负荷大，2015年全国化学需氧量排放总量为2223.5万吨，氨氮排放总量为229.9万吨，远超环境容量。2018年全国地表水国控断面中，仍有6.7%丧失水体使用功能（劣于Ⅴ类），29%的重点湖泊（水库）呈富营养状态；不少流经城镇的河流沟渠黑臭。饮用水污染事件时有发生。在全国10168个地下水水质监测点中，Ⅳ、Ⅴ类水质的比例占到86.2%。全国9个重要海湾中，7个水质为差或极差。未来，用水总量处于高位，废水排放量继续上升，农业源污染物和非常规水污染物快速增加，水污染从单一污染向复合型污染转变的态势进一步加剧，污染形势复杂化，防控难度加大。

第三，水生态受损依然严重。湿地、海岸带、湖滨、河滨等自然生态空间不断减少，导致水源涵养能力下降。根据《国务院关于印发水污染防治行动计划的通知》（国发〔2015〕17号）的官方解读文件，三江平原湿地面积已由建国初期的5万平方公里减少至0.91万平方公里，海河流域主要湿地面积减少了83%。长江中下游的通江湖泊由100多个减少至仅剩洞庭湖和鄱阳湖，且持续萎缩。沿海湿地面积大幅度减少，近岸海域生物多样性降低，渔业资源衰退严重，自然岸线保有率不足35%。此外，全国水土流失面积295万平方公里，约占国土面积的30%。地下水超采区面积达23万平方公里，引发地面沉降、海水入侵等严重生态环境问题。

第四，水工程建设与管理工作仍相对滞后。洪灾水患、污水处理及工程性缺水等问题仍普遍存在；水工程运行和管理状态欠佳，并影响工程本身的安全性；中小河流治理难、农田水利建设任务重、农村饮水安全工程投入不足、城乡污水处理能力不够、小型水库病险率高等问题突出，专项治理亟待进一步加强。重大水工程的生态、地质安全性有待提升，安全预警体系和责任体系有待建立健全。

第五，城乡安全供水能力仍显不足。①相对于快速的工业化和城镇化，集中供水能力建设整体滞后，部分地区水供求紧张态势凸显。②一些中小城市尚无固定、安全、可靠的水源地，部分城市水源地单一，极易受到污染和破坏。③部分城市供水体系超负荷供水，特别是特大型城市超负荷供水问题普遍而严重。④供水水质保证水平较低，极少能直接饮用。⑤集中供水非正常事件频发，“肉汤事件”“油污事件”等时有发生。

最后，水治理体系尚不完善。①法制保障亟待增强。法律体系尚不健全，可操作性弱；司法参与度较低、功能受限，环境公益诉讼制度尚不完善；执法力度和能力尚不足，流域管理机构作用不突出，国家水督察制度尚未建立。②管理体制亟待改革。水治理的系统性统筹不足影响治水成效；水与物质的传输过程及其时空分布被分割，基于过程环节的组织管理方式难以实现水治理效能最大化的目标；开发利用和保护监管两项职能同属一个部门，容易发生冲突；横向职责存在一定交叉分散，制度协调尚不够，未能有效发挥合力。③市场机制亟待健全。水价形成机制不合理；水资源税征收标准偏低；现行污水处理费和排污费制度尚不健全；水权和排污权交易市场尚处于探索阶段；水治理领域投融资机制有待创新；尚未实施国家洪水保险制度。④信息共享机制与公众参与制度尚未有效建立，科技支撑也亟待加强。

（3）新形势及新要求

我国水治理还面临着新的形势，不仅有机遇，也有挑战。

我国要培育发展新动能、实现高质量发展，必须充分发挥水利基础性、先导性作用和水资源管理红线的刚性约束作用，以用水方式转变倒逼产业结构调整和区域经济布局优化，促进形成新的增长点、增长极和增长带。

要深入推进新型城镇化、“一带一路”、京津冀一体化、长江经济带等国家重大战略或倡议，必须进一步提高水支撑保障能力，进一步优化水资源配置格局和“三生空间格局（生产—生活—生态）”，着力增强重要经济区和城市群水资源水环境水生态承载能力。

要落实国家脱贫攻坚战略、实现全面建成小康社会，必须抓紧补齐治水基础设施短板，加快解决关系民生的水利发展和水生态环境保护问题，着力推进城乡水基础设施均衡配置和水基本公共服务均等化。

要推进生态文明和绿色发展，建设美丽中国，必须加快转变治水兴水管水思路，注重“山水林田湖草”综合系统治理，统筹解决好水资源、水环境、水生态、水工程和集中供水问题，以最严密的法制保护水资源生态环境，促进经济社会发展与水资源环境生态承载能力相协调。

要应对气候变化与保护生物多样性，树立负责任大国形象，致力于国家和地区应对气候变化和保护生物多样性，进而为区域和全球应对气候变化、保护生物多样性做出重要贡献。

要落实国家“互联网+”战略，必须大力推进涉水监测、监管、治理等信息网络化建设，全面提升水治理信息化水平，促进先进技术创新和一体化信息共享平台应用，夯实水治理基础能力。

要贯彻依法治国，必须不断完善水法规规章体系，建立健全水行政执法制度体系，实现用最严格的法律制度保护水资源、水生态、水环境。

3.2.2 我国水安全治理主要目标

通过改革和发展，到 2035 年，努力建成世界一流且具中国特色，既能与我国市场经济体制、国家治理能力和治理体系现代化建设相匹配，又能满足国家生态文明建设需要的现代化水治理体系。在此治理体系下，水治理理念深入人心，治理主体多元化、网络化、明晰化，治理手段多样化、连续化、系统化，治理方式实现法制化、规范化、标准化、民主化，治理的可问责性和有效性增强，治理效率日益提升，国家水安全综合保障能力显著增强。

水资源合理配置和高效利用得以实现。最严格水资源管理制度得以全面实施，真正实现以水定城、以水定产、以水定人、以水定地，水资源管理能力显著提高。水资源利用效率和效益大幅提升，重点领域节水取得重大进展，达到国际先进水平。水资源调度配置和水源结构更趋优化。

水环境质量与风险得以有效管控。水环境执法监管力度得以强化，水环境风险防控机制得以建立健全。城镇污水全部得到处理，主要污染物浓度大幅降低，全国水环境质量实现总体改善。地下水污染得到有效遏制和治理，近岸海域环境质量稳中趋好。城镇供水水源地水质全面达标；农村集中供水率、自来水普及率、水质达标率和供水保障程度大幅提高。饮用水安全保障水平持续提升。水环境经济损失得以有效控制。

水生态保育与修复得以全面加强。河湖生态环境水量充足保障，河湖水域和湿地面积保持合理规模，水功能区水质基本达标，水生态环境状况明显改善，水生态系统稳定性和生态服务功能显著提升。自然岸线保有率保持稳定。水土流失得以遏制，水土保持综合治理体系基本完善。地下水超采得到严格控制，严重超采区完全消除。

水工程保障及防洪抗旱减灾体系进一步完善。一批打基础、管长远、促发展、惠民生的重大水工程建成，包括大规模农田水利建设工程、重点水源建设工程、水环境整治与水生态修复工程、重大引调水工程、抗旱水源建设工程、江河湖库水系连通工程等。防汛抗旱指挥调度体系得以健全。大江大河重点防洪保护区达到流域规划确定的防洪标准，城市防洪排涝设施建设明显加强。全国洪涝灾害和干旱灾害经济损失得到有效控制。

水综合治理体系逐步建立健全。依法治水管水全面强化，水资源环境承载能力评估与预警机制得以建立，战略、规划和项目层面的水资源、水环境及水生态效应评估与论证工作全面开展，规划的科学化和规范化增强且引领作用凸显，水权、水生态补偿、排污权市场以及在此基础上的价格形成机制逐步完善，水工程科学建设和良性运行的体制机制得以理顺，水治理投入稳定增长机制进一步健全，科技创新能力明显增强，党政同责和政府考核问责进一步落实，流域水治理地位与作用得以强化，水数据平台建设和信息共享得到加强，公众参与监督水治理的社会氛围初步形成，国际交流与合作进一步加快。

3.2.3 我国水安全治理重点任务

（1）基本认识

水资源作为基础性的自然资源、战略性的经济资源和生态与环境的控制性要素，推进国家水安全保障，须准确把握四大基本关系。

开源与节流的关系。开源和节流是保障水安全的两个方面，都是用来解决水资源供需矛盾的手段。开源是扩大和开发水源，增加可供水量，主要取决于水资源再生能力、生态环境约束和工程技术水平；节流是减少用水浪费，提高水的利用效率，取决于经济社会系统结构与规模、节水工程技术水平、节水管理与社会意识以及资源环境的承受能力。保障水安全必须切实协调好开源与节流的关系，实行供需双向调节，提高保障能力，加强科学配置，强化需求管理，实现供给和需求的良性平衡。在实际工作中，怎样处理两者的关系，是节水多一些还是开源重一些，要根据区域条件、供求状况和发展时段来决定。

常规与非常规开源的关系。常规开源措施主要是指在当地地表地下水承载能力允许的范围之内，增加本地地表和地下水利用量。非常规开源措施除了增加再生水、雨水、海水、苦咸水等非常规水源的开发利用外，还包括外流域调水和虚拟调水。我国现状非常规水源利用量仅占供水总量的0.5%，开发利用潜力巨大。实施跨区域调水也是保障区域供水安全的重要举措，但实施调水必须充分分析调入区缺水的性质，根据经济与社会的近远期需求，确定合理的调水规模，同时，调水必须在节流的前提下进行，只有实现了调入地区的节流，充分挖掘当地水资源潜力之后，调水才是最经济、最合理的。水资源随物品在地区之间的交换而产生的虚拟流动关系，是水与社会经济系统最密切、最重要的互动关系之一，也是缓解供水压力，促进与水资源格局相匹配生产力布局的重要内容。根据区域水安全现状和资源本地情况，常规和非常规开源措施并举是保障区域水安全的关键。

经济需水与生态需水的关系。水资源以流域为单元循环演化转化，抚育着流域丰富多彩的生态环境系统，同时也支撑着流域纷繁复杂的经济社会系统。水的生态系统服务功能包括泥沙的推移、营养物质的运输、环境净化及维持湿地、湖泊、河流等自然生态系统的结构与过程及其他人工生态系统的功能。水的经济社会服务功能包括满足生活用水、农业用水、工业用水、发电、航运及渔业用水等需求。保障水安全核心任务就是要在水资源可再生能力的框架下，做好生态环境用水和经济社会用水的合理配置，关键在于合理制定生态保护目标，科学确定经济社会系统水资源耗用的边界，以促进经济社会发展目标的实现和人水和谐关系的建立。

常态与应急的关系。一个自然完整水文过程包括丰、平、枯三大基本过程，水资源工作也可以分为常态管理和应急管理。常态水资源管理主要包括水资源配置、节约、保护和调度等工作，应急则属于防汛抗旱和突发性水污染事件等减灾范畴，由于二者在管理目标、手段、主体等方面的差别，常态与应急管理长期处于分离状态。事实上，水循环是由平水和丰枯极值共同组成的一体化系统过程，可以通过加强供水过程管理来提高平水期水资源保障程度，通过水循环常态与应急综合管理来提高水资源系统的供给与保障能力。未来水资源工作应当统筹考虑常态和应急管理关系，在常态工作中未雨绸缪，考虑极端条件下的水安全保障，建立应急储备，完善预警预报；同时在应急状态考虑常态需求，如加强供水调度与洪水资源化等。

（2）综合治理任务

一是制定或修订涉水法律法规，进一步强化水治理的法律基础。其中包括修订现行的《水法》，加强现有水污染防治法的执行，将政府和社会资本合作模式（Public-Private Partnership，PPP）纳入法律并予以强化等。二是强化流域水治理的地位与作用，本着尊重自然和顺应自然的原则，进一步提升水治理的系统性和有效性。提升现有国家层面和流域层面治水机构的地位和责任，扩大其在生态系统保护方面的作用。建立国家水治理协调机制。在省级河（湖）长制与流域机构间建立明确的协调机制。进一步明确各机构、辖区和部门之间的政策协调。三是改进和完善水治理的经济政策工具，在适当的情况下强化和扩大市场化手段在水治理领域的应用。提升“三条红线”的实效。推动取水许可制度与排污许可证制度关联。四是提高适应气候和环境变化的能力。更多采用绿色基础设施管理洪水，提升洪水防御能力。制定三条红线的生态流量目标。优化治理面源污染的政策，试行水污染物排放许可交易和其他金融机制减少面源污染等。五是加大信息共享和公众参与力度。完善水资源相关数据收集及共享的立法框架。建立国家水信息共享平台。提升公众意识及公众参与程度。六是加快其他综合保障机制建设，重点建立健全水治理科学评估、规划引领、技术支撑、工程保障、试验示范、考核问责和国际协调等机制。

（3）分领域治理任务

水资源治理。一是加强顶层设计，在更高层次上推进节水型社会建设。严格落实节水型社会建设规划，全面健全节水制度体系，整体化、区域化推进节水型社会建设，建立水资源承载能力监测预警机制，强化节水监管。二是落实双控行动，强化水资源刚性约束。加强约束性指标管理，优化地方“红线”目标，强化对项目、区域、发展规划的水资源论证，使项目建设、规划计划和区域发展的“量水而行”。三是突出重点领域，加大农业节水力度，深入开展工业节水，加强城镇节水。四是优化水资源调度配置，促进水资源合理利用。重点全面做好江河水量调度配置，强化地下水开发利用管控，积极发展非常规水源利用。五是深化水资源领域改革，充分发挥市场机制作用。重点深化水资源管理体制机制改革；从明晰初始水权入手，强化水资源用途管制；以试点建设为突破口，推进水权确权和交易。六是加强能力建设，夯实水资源管理基础。重点提升监控能力、协作能力和监管能力。

水环境治理。一是全面控制污染物排放。重点狠抓工业污染防治，推进农业农村污染防治，加强船舶港口污染控制。二是切实加强水环境管理。重点强化环境质量目标管理，深化污染物排放总量控制，严格环境风险控制，全面推行排污许可。三是全力保障水环境安全。重点推进地下水污染综合防治，深化重点流域污染综合防治，加强河口和近岸海域环境保护，严格控制环境激素类化学品污染，大力整治城市黑臭水体。四是切实做好饮用水水源地保护。重点实施从水源到水龙头全过程监管，持续提升饮用水安全保障水平。五是强化科技支撑。重点推广示范适用技术，攻关研发前瞻技术，大力发展环保产业，加快发展环保服务业。六是充分发挥市场机制作用。重点理顺价格税费，促进多元融资，建立激励机制。六是严格环境执法监管。重点完善法规标准，加大执法力度，提升监管水平。

水生态治理。一是建立水生态的评价监测机制，科学确定和维持河湖生态流量，探索实施一级流域生态水流量红线管理。二是加强重点河湖水生态修复与治理。三是加强水土保持生态建设。四是加强地下水保护和超采区综合治理。五是全力保障水生态安全。重点划定水生态保护红线，强化水功能区管理，加快江河湖库水系连通，加强良好水体保护，保护水和湿地生态系统，推进生态健康养殖，推动水生态文明建设纵深发展。

水灾害治理。一是完善江河综合防洪减灾体系，加强江河治理骨干工程建设，进一步加强防洪薄弱环节建设。二是抓好重大防洪抗旱工程建设，着力完善水基础设施体系，实施一批重大引调水工程。三是提高城市供水与防洪排涝能力。重点优化城市供水结构，加强城市应急和备用水源建设，提高城市排水防涝和防洪能力。四是深化水工程建设与管理改革，提高水工程管理现代化水平。重点推进水工程建设管理体制改革，健全多元化投资机制，创新水工程运行管护机制，优化水工程调度运用方式。

4. 雄安新区水安全基础态势评估

4.1　雄安新区相关概况

4.1.1　自然地理

根据《河北雄安新区规划纲要》，雄安新区规划范围包括雄县、容城、安新三县行政辖区（含白洋淀水域），以及任丘市鄚州镇、苟各庄镇、七间房乡和高阳县龙化乡，规划面积1770平方公里。同时，新区将选择特定区域作为起步区先行开发，并在起步区划出20～30平方公里以建设启动区，条件成熟后再有序稳步推进中期发展区建设，并划定远期控制区为未来发展预留空间。雄安新区地处北京、天津、保定腹地，距北京、天津均为105公里，距石家庄155公里，距保定30公里，距北京新机场55公里。新区内地势北高南低，西高东低，地面高程6～15米。

新区位于海河流域大清河水系中游平原。大清河水系地处海河流域中部，西起太行山，东临渤海湾，北临永定河，南界子牙河。流域跨京、津、冀、晋四省市（直辖市），流域面积4.31万平方公里，其中山区1.88万平方公里，平原2.43万平方公里，分别占流域面积的43.6%和56.4%。大清河流域白洋淀以上区域（以下简称白洋淀流域），包括大清河淀西平原和山区，流域面积3.12万平方公里，其中山区面积占64.1%，平原区面积占35.9%。

4.1.2 河流水系

新区位于大清河水系上游南北两支汇合区域。北支称为白沟水系，主要支流为小清河、琉璃河、南拒马河、北拒马河、中易水、北易水等。其中，拒马河发源于河北省太行山东麓，在落堡滩分流为南、北拒马河，北易水、中易水在北河店汇入南拒马河，小清河、琉璃河在东茨村以上汇入北拒马河后称白沟河。南拒马河和白沟河在高碑店市白沟镇附近汇合后，由新盖房枢纽经白沟引河入白洋淀、经新盖房分洪道和大清河故道进入东淀。

南支称为赵王河水系，为典型的扇形流域，发源于山区的潴龙河、唐河、清水河、府河、漕河、瀑河、萍河等从南向北分布，均汇入白洋淀。白洋淀为大清河中游的缓洪滞沥淀泊，通过赵王新河与同样位于大清河中游的东淀相连。东淀下游分别经海河干流和独流减河入海。

大清河中下游南运河以西洼淀主要有东淀、文安洼和贾口洼，主要用于一般洪水的缓洪滞洪。南运河以东有团泊洼、唐家洼和北大港，主要用于超标准洪水临时缓洪滞洪。

各条河流具体情况如下：

拒马河：发源于涞源县，流经易县、涞水、房山（属北京市），河长 197 公里，流域面积 4950 平方公里。在房山铁锁涯分为北拒马河、南拒马河。

北拒马河：自铁锁涯至涿州市东茨村长 67 公里，流域面积 2200 平方公里。先后有胡良河、琉璃河、小清河（此 3 条河均发源于北京市）汇入。

南拒马河：自铁锁涯分流后，流经涞水、定兴、容城、高碑店市，至白沟镇与白沟河相汇入大清河，全长 69 公里，流域面积 2380 平方公里。

白沟河：北拒马河、琉璃河、小清河在东茨村汇合后改称白沟河，至白沟镇汇入大清河，河长 53 公里，总流域面积 10000 平方公里。

北易水：发源于易县云蒙山，全长 56 公里，流域面积 789 平方公里。流域内建有马头、旺隆、累子三座中型水库，总控制面积 111 平方公里。

中易水：发源于易县西部山区，河长 86 公里，流域面积 1190 平方公里。上游建有安格庄大型水库，控制流域面积 476 平方公里。

大清河：白沟河、南拒马河在白沟镇汇流后，以下称大清河，全长 43.5 公里，总流域面积 12380 平方公里。

沙河：发源于山西省繁峙县，流经阜平、曲阳、行唐、新乐、定州、安国于军诜与磁河汇合，长 193 公里，流域面积 6400 平方公里。在上游阜平与曲阳交界处建有全市最大的水库——王快水库，控制流域面积 3770 平方公里。

潴龙河：沙河、磁河在安国市军诜汇流后称潴龙河。流经安国市、博野、蠡县、高阳，在高阳县的郝家庄注入马棚淀。全长 75 公里，总流域面积 9430 平方公里。

孝义河：发源于定州市境内，流经安国、蠡县、高阳，并在高阳县南马村入马棚淀，长 90 公里，流域面积 1262 平方公里。

唐河：发源于山西省浑源县，流经灵邱、涞源、唐县、定州、望都、清苑，于安新县韩村入马棚淀，全长 273 公里，总流域面 8390 平方公里。在唐县境内建有西大洋水库，控制流域面积 4420 平方公里。

清水河（界河）：源于易县东白银洼，流经满城、顺平、清苑县境。上游称界河，在顺平县先后有蒲阳河、七节河、运粮河、曲逆河汇入，下称龙泉河，在清苑县小林水村与九龙河汇流后称清水河。在东石桥村汇入新唐河入马棚淀，河长 16.7 公里，总流域面积 2122 平方公里。界河上游建有龙潭中型水库，控制流域面积 50 平方公里。

府河：发源于满城县东部平原的一亩泉河和侯河、白草沟在保定市动物园西侧汇流后，始称府河。沿途有护城河、黄花沟、环堤河、新金线河先后汇入，在清苑刘口村北与漕河相汇，入藻杂淀，河长 62 公里，总流域面积 643 平方公里。

漕河：发源于易县五回岭，流经满城、徐水县，在清苑刘口村北与府河汇流入藻杂淀，河长 120 公里，流域面积 798 平方公里。

瀑河：源于易县狼牙山东麓，流经易县、徐水、安新，于安新县三台村南入藻杂淀，河长 73 公里，总流域面积 649 平方公里。在徐水县境内建有瀑河中型水库，控制流域面积 263 平方公里。

萍河：发源于定兴县南辛村，经徐水、容城于安新县注入藻杂淀，河长 30 公里，流域面积 440 平方公里。

白洋淀是大清河下游的滞洪、蓄洪洼淀，也是华北著名的平原洼淀。淀区主要分为本淀、藻杂淀和马棚淀。

山区河流都是雨水补给，随着暴雨强度洪水陡涨陡落，河床为卵石粗砂，冲淤变化较大。平原河道由于近年兴修水利工程，有的水库拦蓄，有的沿河用水，现在已变成了季节性河流。平原河道洪水涨落较缓，较大洪水冲淤也较明显。

4.1.3 气象水文

新区所在的白洋淀流域属于温带大陆性季风气候区，冬季寒冷干燥；春季蒸发量大，降水稀少，多风沙；夏季炎热，易形成大雨，但有时也严重干旱。流域内年平均气温 7.3℃ ~ 12.7℃，最低气温为 -30.6℃，最高气温为 43.5℃；年平均积温 2293℃ ~ 4409℃，无霜期 180 天左右，热量资源分布趋势由东南向西北递减。

年降雨量平均为 570.2 毫米，降水具有年内分配集中，年际变化悬殊和地区分布差异显著等特点。降水量空间分布由山区向平原、迎风坡向背风坡呈递减趋势，平原北部大于南部；降雨年内分配极不平均，多集中在七、八、九这三个月内，占全年降水量的 80%，七、八月份为暴雨多发季节；年际降水变化悬殊，最大年均降水量达 1000 毫米以上，最小年均降水量为 366 毫米，二者相差 2.9 倍。本流域蒸发量为 1670 毫米（涿州）~ 2258 毫米（阜平），最大值在西部山区，从西向东逐渐降低。一年中夏季最大，约占年值的 46%，春季占 23%，秋季占 24%，冬季占 7%。

土壤冻结期一般在 12 月上旬至 3 月上旬，冻土深度多年平均 42 厘米，最大冻土深 55 厘米；白洋淀内初冰期在 11 月末，冰期至翌年 3 月中旬，冰厚 0.19 ~ 0.42 米。多年平均日照 2638 小时，年平均日照百分率为 60%。年平均相对湿度 66%，最大湿度为 75%，最小湿度 62%。冬、秋季节多雾，年平均大雾日数 16.1 天。年主导风向为西南风，频率为 11%，其次为东北风，频率 9%，年平均风速 2.4 米 / 秒，最大风速 25.0 米 / 秒。

4.1.4 水资源量

白洋淀流域多年平均（1956 ~ 2015 年）水资源量 41.6 亿立方米，其中地表水资源量 21.6 亿立方米，地下水资源量 29.5 亿立方米，地表地下水重复量 9.5 亿立方米，多年平均人均水资源量 276 立方米。雄安新区多年平均水资源量 1.73 亿立方米，其中地表水资源量 0.11 亿立方米，地下水资源量 1.69 亿立方米，地表地下水重复量 0.07 亿立方米，当地水资源主要是地下水，人均水资源量仅有 144 立方米。

4.1.5 经济社会

白洋淀流域 2015 年总人口 1507 万，其中城镇人口 667 万，耕地面积 1523 万亩，有效灌溉面积 1207 万亩，GDP4806 亿元，工业增加值 2070 亿元。雄安新区 2015 年人口 120 万，其中农村人口 68 万，城镇人口 52 万，耕地面积 140 万亩，有效灌溉面积 113 万亩，GDP277 亿元，工业增加值 154 亿元。

表 4.1　2015 年区域经济社会指标表

分区	面积	总人口	城镇人口	GDP	工业增加值	耕地面积	有效灌溉面积
	万平方公里	万人	万人	亿元	亿元	万亩	万亩
大清河流域	4.31	3163	1873	19633	9255	2577	1986
白洋淀流域	3.17	1507	667	4806	2070	1523	1207
雄安新区	0.18	120	52	277	154	140	113

数据来源：根据调研资料整理。

4.1.6 发展规划

《河北雄安新区规划纲要》是中共河北省委、河北省人民政府编制的河北雄安新区发展和建设规划纲要。2018 年 4 月 14 日，中共中央、国务院做出关于对《河北雄安新区规划纲要》的批复。2018 年 4 月 21 日，新华社发布该规划纲要。

（1）发展定位

雄安新区作为北京非首都功能疏解的集中承载地，要建设成为高水平社会主义现代化城市、京津冀世界级城市群的重要一极、现代化经济体系的新引擎、推动高质量发展的全国样板。

绿色生态宜居新城区。坚持把绿色作为高质量发展的普遍形态，充分体现生态文明建设要求，坚持生态优先、绿色发展，贯彻绿水青山就是金山银山的理念，划定生态保护红线、永久基本农田和城镇开发边界，合理确定新区建设规模，完善生态功能，统筹绿色廊道和景观建设，构建蓝绿交织、清新明亮、水城共融、多组团集约紧凑发展的生态城市布局，创造优良人居环境，实现人与自然和谐共生，建设天蓝、地绿、水秀的美丽家园。

创新驱动发展引领区。坚持把创新作为高质量发展的第一动力，实施创新驱动发展战略，推进以科技创新为核心的全面创新，积极吸纳和集聚京津及国内外创新要素资源，发展高端高新产业，推动产学研深度融合，建设创新发展引领区和综合改革试验区，布局一批国家级创新平台，打造体制机制新高地和京津冀协同创新重要平台，建设现代化经济体系。

协调发展示范区。坚持把协调作为高质量发展的内生特点，通过集中承接北京非首都功能疏解，有效缓解北京“大城市病”，发挥对河北省乃至京津冀地区的辐射带动作用，推动城乡、区域、经济社会和资源环境协调发展，提升区域公共服务整体水平，打造要素有序自由流动、主体功能约束有效、基本公共服务均等、资源环境可承载的区域协调发展示范区，为建设京津冀世界级城市群提供支撑。

开放发展先行区。坚持把开放作为高质量发展的必由之路，顺应经济全球化潮流，积极融入“一带一路”建设，加快政府职能转变，促进投资贸易便利化，形成与国际投资贸易通行规则相衔接的制度创新体系；主动服务北京国际交往中心功能，培育区域开放合作竞争新优势，加强与京津、境内其他区域及港澳台地区的合作交流，打造扩大开放新高地和对外合作新平台，为提升京津冀开放型经济水平作出重要贡献。

（2）建设目标

到2035年，基本建成绿色低碳、信息智能、宜居宜业、具有较强竞争力和影响力、人与自然和谐共生的高水平社会主义现代化城市。城市功能趋于完善，新区交通网络便捷高效，现代化基础设施系统完备，高端高新产业引领发展，优质公共服务体系基本形成，白洋淀生态环境根本改善。有效承接北京非首都功能，对外开放水平和国际影响力不断提高，实现城市治理能力和社会管理现代化，“雄安质量”引领全国高质量发展作用明显，成为现代化经济体系的新引擎。

到21世纪中叶，全面建成高质量高水平的社会主义现代化城市，成为京津冀世界级城市群的重要一极。集中承接北京非首都功能成效显著，为解决“大城市病”问题提供中国方案。新区各项经济社会发展指标达到国际领先水平，治理体系和治理能力实现现代化，成为新时代高质量发展的全国样板。彰显中国特色社会主义制度优越性，努力建设人类发展史上的典范城市，为实现中华民族伟大复兴贡献力量。

（3）重点任务

确保新区生态系统完整，蓝绿空间占比稳定在70%。严格控制建设用地规模。推进城乡一体规划建设，不断优化城乡用地结构，严格控制开发强度，新区远景开发强度控制在30%，建设用地总规模约530平方公里。

统筹各类空间资源，整合生态人文要素，依托白洋淀清新优美的生态环境，利用城镇周边开阔自然的田野风光，随形就势，平原建城，形成疏密有度、水城共融的城镇空间，清新明亮的宜人环境，舒展起伏的天际线，展现新时代城市形象。

实施白洋淀生态修复，淀区逐步恢复至360平方公里左右，实现水质达标，开展生态修复，远景规划建设白洋淀国家公园。开展大规模植树造林，将新区森林覆盖率由现状的11%提高到40%。开展环境综合治理，新区及周边和上游地区协同制定产业政策，实行负面清单制度，依法关停、严禁新建高污染、高耗能企业和项目。优化能源消费结构，终端能源消费全部为清洁能源。严守土壤环境安全底线。

通过承接符合新区定位的北京非首都功能疏解，积极吸纳和集聚创新要素资源，高起点布局高端高新产业，推进军民深度融合发展，加快改造传统产业，建设实体经济、科技创新、现代金融、人力资源协同发展的现代产业体系。产业发展重点：新一代信息技术产业、现代生命科学和生物技术产业、新材料产业、高端现代服务业、绿色生态农业。

引入京津优质教育、医疗卫生、文化体育等资源，建设优质共享的公共服务设施。坚持房子是用来住的、不是用来炒的定位，建立多主体供给、多渠道保障、租购并举的住房制度。完善多层次住房供给政策和市场调控体制，严控房地产开发，建立严禁投机的长效机制。探索房地产金融产品创新。

完善区域综合交通网络，优化高速铁路网和高速公路网，构建“四纵两横”区域高速铁路交通网络，重点加强雄安新区和北京、天津、石家庄等城市的联系。规划建设运行高效的城市轨道交通，构建功能完备的新区骨干道路网，构建快速公交专用通道，打造集约智能共享的物流体系。建设数字化智能交通基础设施。通过交通网、信息网、能源网“三网合一”，基于智能驾驶汽车等新型载运工具，实现车车、车路智能协同，提供一体化智能交通服务。

坚持绿色低碳发展，严格控制碳排放，建设海绵城市，规划城市建设区雨水年径流总量控制率不低于85%。积极引入风电、光电等可再生能源，作为新区电力供应的重要来源。新区供电可靠率达到99.999%。根据新区发展需要，以长输管道天然气为主要气源，液化天然气（Liquefied Natural Gas，LNG）为调峰应急气源，新建若干门站、LNG储配站，形成多源多向、互联互通的新区燃气输配工程系统。坚持数字城市与现实城市同步规划、同步建设，适度超前布局智能基础设施，推动全域智能化应用服务实时可控，建立健全大数据资产管理体系，打造具有深度学习能力、全球领先的数字城市。

坚持政府主导与社会参与相结合，坚持以防为主、防抗救相结合，坚持常态减灾和非常态救灾相统一，针对自然灾害和城市运行安全、公共安全领域的突发事件，高标准规划建设重大防灾减灾基础设施，全面提升监测预警、预防救援、应急处置、危机管理等综合防范能力，形成全天候、系统性、现代化的城市安全保障体系，建设安全雄安。

雄安新区是留给子孙后代的历史遗产，必须坚持大历史观，保持历史耐心，稳扎稳打，一茬接着一茬干。其中提出，支持以雄安新区为核心设立中国（河北）自由贸易试验区，建设中外政府间合作项目（园区）和综合保税区，大幅度取消或降低外资准入限制，全面实行“准入前国民待遇+负面清单”管理模式，更好地以开放促改革、以开放促发展。

4.2 新区供用水现状评估

4.2.1 供用水情况分析

现状白洋淀流域经济社会用水总量为37.88亿立方米，其中生活用水量4.66亿立方米，占用水总量12%；工业用水量3.46亿立方米，占9%；农业用水量 28.41 立方米，占 75%。地下水为主要供水水源，供水比例占 84%，地表水仅占 13%。

新区经济社会用水总量为 2.68 亿立方米，其中生活用水量 0.28 亿立方米，占用水总量 10%；工业用水量 0.24 亿立方米，占 9%；农业用水量 2.16 立方米，占 81%。可以看到，新区现状主要供水水源为地下水，其供水比例占 97%；而农业是主要用水行业，超过了总用水量的 80%。应该说，新区现状是典型的农业经济为主的用水结构。

表 4.2　　2015 年新区供用水情况统计表　　单位：亿立方米

区域	用水量					供水量			
	生活	工业	农业	生态环境	合计	地表水	地下水	非常规水	合计
大清河流域	9.99	8.89	38.52	3.60	61.00	16.38	40.21	4.42	61.00
白洋淀以上	4.66	3.46	28.41	1.35	37.88	5.05	31.61	1.22	37.88
雄安新区	0.28	0.24	2.16	0.00	2.68	0.08	2.60	0.00	2.68

数据来源：根据调研资料整理。

4.2.2　节水水平分析

2015 年河北省人均用水量 252 立方米，万元国内生产总值用水量 63 立方米，万元工业增加值用水量 130 立方米，农田灌溉亩均用水量 173 立方米。2015 年全国人均用水量 445 立方米，万元国内生产总值用水量 90 立方米，万元工业增加值用水量 58 立方米，农田灌溉亩均用水量 394 立方米。2015 年新区人均用水量 223 立方米，比全省人均用水量低了 29 立方米，比全国值低了 222 立方米；新区万元国内生产总值用水量为 97 立方米，比全省万元国内生产总值用水量高了 34 立方米，比全国值高了 7 立方米；新区万元工业增加值用水量 16 立方米，比全省万元工业增加值用水量低了 2 立方米，比全国值高了 42 立方米；新区农田灌溉亩均用水量 325 立方米，比全省农田灌溉亩均用水量高了 152 立方米，比全国值低了 69 立方米。

4.2.3 主要供水工程

白洋淀流域内有 6 座大型水库、8 座中型水库和 116 座小型水库，总库容达 36 亿立方米。其中，安格庄、龙门、西大洋、王快、口头和横山岭六座大型水库总库容超过 34.2 亿立方米，兴利库容 14.22 亿立方米，控制流域面积 0.97 万平方公里，除安各庄水库位于大清河北支中易水外，其余 5 座大型水库均位于南支白洋淀上游。

（1）西大洋水库

西大洋水库位于大清河南支唐河上，控制流域面积 4420 平方公里，总库容 11.37 亿立方米，调洪库容 7.58 亿立方米，是一座以防洪为主，工业与城市供水、灌溉、发电等综合利用的大（I）型水库。水库建于 1958 年，1960 年拦洪，1970 ~ 1972 年进行了续建。针对水库防洪标准低、主坝上下游坝坡不稳定等问题，1992 年开展并完成了水库的除险加固工程。

（2）王快水库

王快水库位于大清河南支沙河上游，控制流域面积 3770 平方公里，占沙河总流域面积的 59%，总库容 13.89 亿立方米，调洪库容 10.82 亿立方米，是一座以防洪为主，结合灌溉、发电的大（I）型水利枢纽工程。水库工程于 1958 年 6 月动工兴建，1960 年 10 月竣工并投入运用。2002 年，开展并完成了水库的除险加固工程，设计标准为 500 年一遇，校核标准达到 10000 年一遇。

（3）口头水库

口头水库位于大清河南支沙河支流部河上游，控制流域面积 142.5 平方公里，总库容 1.056 亿立方米，调洪库容 0.608 亿立方米，是一座以防洪、灌溉为主的大（Ⅱ）型水利枢纽工程。水库于 1958 年兴建，1970 年扩建，1973 年竣工后，水库的设计防洪标准达到 100 年一遇，校核标准 500 年一遇。1988 年水库除险加固后，使水库的保坝标准达到 2000 年一遇。

（4）横山岭水库

横山岭水库位于大清河南支磁河上游，控制流域面积 440 平方公里，总库容 2.43 亿立方米，调洪库容 1.95 亿立方米，是以防洪、灌溉为主的大（Ⅱ）型水利枢纽工程。水库 1958 年兴建。1992 对水库进行了除险加固，经复核水库现状保坝标准为 2000 年一遇，达到了规范要求。这几年随着大坝鉴定工作的深入，已被确认为病险水库。

（5）龙门水库

龙门水库位于大清河南支漕河中游，控制流域面积 470 平方公里，总库容 1.18 亿立方米，调洪库容 0.775 亿立方米，是一座以防洪结合灌溉等综合利用的大（Ⅱ）型水利枢纽工程。水库于 1958 年动工兴建。目前已经除险加固完毕，加固后水库总库容 1.27 亿立方米，设计洪水标准为 100 年一遇，校核洪水标准为 2000 年一遇。

（6）安各庄水库

安各庄水库是大清河北支中易水上的控制工程，控制流域面积 476 平方公里，总库容 3.034 亿立方米，调洪库容 2.014 亿立方米，是以防洪、灌溉为主的大（Ⅱ）型水利枢纽工程。水库1958年兴建。1970～1972年水库又进行了续建。水库设计标准为100年一遇，经复核现状保坝标准为1000年一遇，水库现状保坝标准偏低，达不到规范要求的2000年一遇的校核标准。

4.2.4 水资源开发利用程度

根据2001～2015年水文系列分析，白洋淀流域水资源开发利用率达到128%。其中，地表水开发利用率86%；平原浅层地下水年均超采量8.9亿立方米，占可开采量的40%，深层水年均开采量2.1亿立方米。浅层地下水埋深从20世纪80年代初期的6米下降到目前的25米左右，地下水超采产生的累计亏空量约230亿立方米。

4.3 新区水环境现状评估

4.3.1 主要污染源

白洋淀流域入淀污染源按照位置，可分为淀外污染源和淀区污染源。

淀外污染源：受自然条件和人类活动影响，白洋淀上游的9条河流中，除人为调水外，各河流均无天然径流，仅保定市辖区内的府河、漕河、瀑河和孝义河4条河流，由于承接沿途的城镇废水形成径流，瀑河和孝义河在入淀口上游建有橡胶坝，正常情况下污水不能入淀，潴泷河、唐河、萍河常年干涸，仅府河常年有水流入白洋淀，主要水源为保定市等上游排放的生活和工业废水，成为白洋淀补给水源，也是上游污染稳定的输入通道。根据白洋淀“十一五”

水专项研究结果，作为白洋淀主要入淀河流的府河氮、磷绝对浓度严重超标，总氮浓度 14.65 ~ 47.94 毫克 / 升，总磷浓度 0.68 ~ 3.15 毫克 / 升，属劣 V 类水体。府河带入淀中的氨氮占入淀总量的 78%。孝义河主要是承接高阳、蠡县、安国、博野、定州城镇污水处理厂排水，在非农灌季节还有水入淀，平均水质劣 V 类以上，氨氮超标严重。面源污染主要是随地表径流进入河道或淀区的污染物，由于流域内已无地表径流，平时面源污染对淀区水质影响较小，但特大暴雨冲刷下产生径流，造成严重污染。

淀区污染源按照其排放方式分为内源和外源。内源主要指淀区底泥释放的污染物，淀底淤泥长期未清，淤积严重，也是造成白洋淀水体污染的重要原因。外源包括淀边源（白洋淀周边工业污染源和生活污染源）、淀区居民生产生活、旅游、养殖等排入淀区的污染物。目前，白洋淀淀区涉及 13 个乡镇，共计 92 个村庄。淀中村生活污染源主要包括生活废水、垃圾及淀区旅游产生的污染，由于淀区村庄污水收集管网和污水处理设施建设滞后，大量生活废水直接排入淀中。同时，生活垃圾等长期岸边堆放，也成为白洋淀水质的主要污染源。淀区内有不少制鞋、塑料加工等小作坊，其产生的大量生产废水，没有经过严格处理就直排入淀，造成淀区水体污染。此外，水产养殖和养鸭污染也是致使水体富营养化的重要因素。

4.3.2 废污水排放情况

白洋淀水质长期处于 IV 类以下，COD、总磷、氨氮等为主要污染物质，入淀河流输入和淀区内源污染严重是主要成因。府河作为保定市城市污水处理厂的下泄通道，每天排入淀区污水约 21 万吨。孝义河主要承接安国、博野、蠡县、高阳等县城的废污水，现状年入淀水量约 0.1 亿立方米。2015 年，白洋淀淀区污染物 COD、氨氮年入河量分别为 1.78 万吨、0.11 万吨。其中淀区外源

（点面源入淀量）COD、氨氮年入河量分别为 1.06 万吨、0.08 万吨。淀中村生活、养殖、底泥释放等内源 COD、氨氮年入河量分别为 0.72 万吨、0.03 万吨。

4.3.3 水功能区达标情况

1997 年，河北省人民政府批准实施了白洋淀水域环境功能区划，执行白洋淀水域环境功能区划的最低水位为 7.0 米。在蓄水不足的情况下，白洋淀各点位年均水质均未达到功能区划要求，水体富营养化现象明显，白洋淀淀区沼泽化加剧等。

白洋淀以上大清河南、北支有水功能区 47 个，其中水功能区一级区 28 个，水功能区长度约 2100 公里。按照 2015 年水质监测数据评价，白洋淀以上河流及淀区水质均较差，47 个水功能区中，现状水质达标的有 10 个，达标率仅 21.2%。

4.3.4 河湖水质情况

白洋淀及其以上入淀河流的水质状况较差。根据 2015 年的水质监测数据，白洋淀主要入淀河流（河段）中，符合 III 类水的比例仅为 15.6%，IV 类 ~ 劣 V 类的河长占评价河长的比例高达 58.9%，常年河干的占总河长的 25.5%。

白洋淀淀区现状水质基本为 V 类，主要超标项目为化学需氧量、五日生化需氧量、高锰酸盐指数、氨氮等，富营养化程度十分严重。2005 年以来，白洋淀淀区水质受当地入淀水量和生态补水影响，总体在 IV 类 ~ 劣 V 类之间波动。2007、2011、2015 年水质相对较差，劣 V 类淀面面积近 60%，其他年份水质相对较好，劣 V 类淀面面积低于 20%。

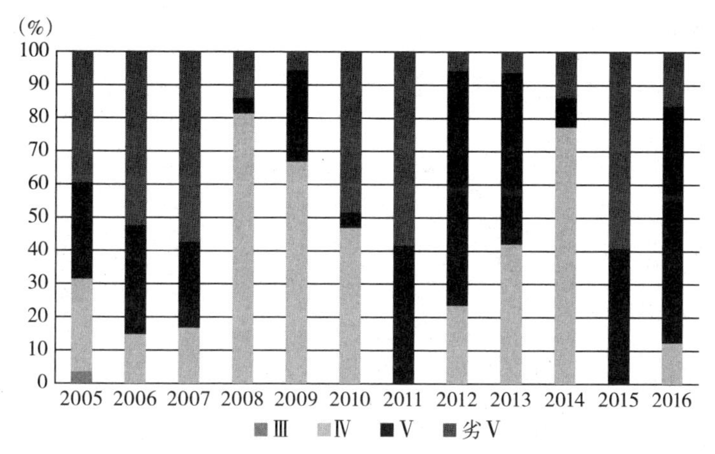

图 4.1　白洋淀 2005 ~ 2016 年水质类别百分比图

4.3.5　地下水水质

新区位于白洋淀周边，受淀泊常年补给影响地下水状况相对较好。安新县城紧邻白洋淀，地下水埋深较浅，容城、雄县现状地下水埋深分别为 23 米和 19 米。平原区地下水水质在 II–V 类水之间，其中 II–III 类水占 70%，IV–V 类水占 30%，由于地表水污染严重、土地开发利用程度高等原因导致地下水水质差。主要超标物质为总硬度、氯化物、硫酸盐、锰等。

4.4　新区水生态现状评估

4.4.1　上游河流生态

白洋淀以上主要河流干涸断流情况严重。2006 ~ 2015 年 10 年间，统计分析的 7 条主要河流年均干涸 304 天，年均断流 326 天。其中，唐河、漕河、瀑河、南拒马河几乎全年干涸。河道侵占及采砂无序，导致河床变形，河流水生态功能严重退化。

4.4.2 淀区水生态空间

20 世纪 50 年代海河流域处于丰水期，白洋淀水量丰沛，年平均水位 8.5m 左右；60 年代初期上游先后建成 4 座大型和 3 座中型水库，受水库拦蓄和灌溉引水影响，入淀水量有所减少；70 年代为农业大发展时期，强调“以粮为纲”和“向淀底要粮”，农业开发导致淀区开发用水及周边引水灌溉水量增加，在干旱年份开始出现干淀现象；80 年代初期本流域经历了持续多年的连续枯水期，1984 ~ 1987 年白洋淀完全干涸，淀内多数区域改为陆地耕作农业，白洋淀水生态功能遭到严重破坏；1988 年白洋淀重新蓄水后，为保护白洋淀的生态环境，通过流域内上游水库应急补水，淀水位基本在低水位维持；21 世纪以来，为了达到不干淀目标，在上游水库补水的同时，在干旱年份还实施引黄、引岳为白洋淀补水，水位维持在 5.0 ~ 7.4 米水平，未再发生彻底干淀现象。

由于白洋淀的入淀水量减少，自 1964 ~ 1974 年，淀区水面面积萎缩了近 3/4。萎缩的水面被植被和裸土地所代替，其中水面转化为植被的面积较大。此后，淀区水面面积不断减小，自 74 年来以来，水面面积缩减 26.8%，沼泽面积缩减 19.5%，农田面积增加 80.6%，居民区建设面积则大幅增加了 495.2%。在淀区总面积中，明水水面仅占 6.92%，沼泽化区占 6.16%，芦苇台田面积占 16.91%，使得白洋淀淀区水陆破碎的状况更加严重。

4.4.3 生物多样性

白洋淀湿地是华北地区最大湿地，临近我国东部、中部候鸟迁徙通道，周边拥有多个自然保护区，是区域内鸟类活动、候鸟迁徙的重要生态斑块。白洋淀原有鸟类 192 种，湿地有国家Ⅰ级保护鸟类 4 种丹顶鹤、白鹤、大鸨和东方白鹳；国家Ⅱ级保护鸟类 26 种。原有鱼类 54 种，以鲤鱼、黑鱼、鲫鱼等养殖鱼类为主。由于水生态空间萎缩严重，生境呈破碎化，生物多样性遭受破坏。1983 ~ 1988 年连年干淀，淀区水产资源遭到较大破坏。1989 年重新蓄水后，水生生物种类得到恢复，但生物种群发生了重大变化，鱼类由 54 种减少至 30 种，浮游植物和动物分别减少了 28.6% 和 18.3%，耐污种逐渐占据优势，个体数增加了 15.1%；栖息于淀区的野鸭、鹁鸪等近乎绝迹。

4.4.4 地下水水位

地下水是新区主要供水水源。地下水长期超采导致平原区地下水位整体呈持续下降趋势。淀西平原区现状地下水埋深平均已达 25 米，比 1980 年下降了 19 米，清苑、蠡县一带部分区域地下水埋深达 35 米左右。地下水长期超采，改变了地表地下径流的转化关系，目前淀西平原一般年份已无地表径流产生，山区径流出山后大部分入渗补充地下水，大部分河流常年干涸。

4.4.5 水土流失情况

白洋淀区域的上游地处太行山北段，历史上植被丰富，森林覆盖率很高，随着人口的急剧增加以及森林的大量砍伐，太行山的原始森林资源基本上已消耗殆尽，到 20 世纪 80 年代，即使加上疏林灌丛，太行山北段的森林覆盖率已经不足5%。白洋淀流域上游森林资源的破坏，造成了严重的水土流失问题，水土流失比较严重的面积已达到9600平方公里，占整个白洋淀流域面积的30%。水土流失造成白洋淀及其上游河道淤积日渐严重。

4.5 新区水灾害现状评估

4.5.1 大清河流域洪水特点

大清河发源于太行山迎风坡，河流呈扇形分布。上游河短流急，受地形的抬升作用，常为暴雨中心。本流域1963年8月上旬发生了20世纪初以来最大的一场暴雨洪水，暴雨中心位于河北省顺平县司仓一带，最大7日雨量达1303毫米，8月份流域洪水总量达80.74亿立方米。大清河洪水具有汇流速度快、峰高、量大的特点，洪水出山后很快进入平原，对下游造成极大威胁。

4.5.2 防洪工程体系

大清河水系上游建成了王快、西大洋、横山岭、口头、龙门、安各庄6座大型水库，中游有白沟河、南拒马河、新盖房分洪道、潴龙河、唐河、赵王新河等多条行洪河道，并设置有小清河分洪区、兰沟洼、白洋淀、东淀、文安洼、贾口洼等6处蓄滞洪区，下游为独流减河和海河干流入海尾间河道，已基本形成了“上蓄、中疏、下排、适当地滞”的防洪体系。现状情况下通过水库拦蓄、河道泄洪，结合蓄滞洪区运用，流域中下游基本可防御1963年洪水

（相当于 50 年一遇）。白洋淀及新盖房枢纽以上支流河道行洪标准为 10 ~ 20 年一遇。

4.5.3 新区防洪现状

新区北部为大清河北支河道南拒马河和新盖房分洪道，南部为白洋淀蓄滞洪区，新城在白洋淀周边的新安北堤分洪区内。现状主要受到白洋淀蓄滞洪区滞洪洪水、大清河北支南拒马河和新盖房分洪道溃堤洪水威胁。南拒马河现状行洪能力为 3500 立方米 / 秒，防洪标准为 20 年一遇；新盖房分洪道现状过流能力仅为 2000 立方米 / 秒左右，不足 20 年一遇；白洋淀周边蓄滞洪区启用标准 10 ~ 20 年一遇。新城南部新安北堤、北部南拒马河防洪标准仅 20 年一遇，东部新盖房分洪道和西部萍河防洪标准仅 10 年一遇。

4.6 新区水安全总体态势评估

4.6.1 面临的主要问题

（1）水资源总量衰减，缺水态势严峻

新区属资源性缺水地区，区内水资源总量和地表径流量匮乏且不断减少。1980 ~ 2015 年间的数据表明，雄安新区多年平均水资源量 1.7 亿立方米，地表水资源量 0.08 亿立方米，地下水资源量 1.69 亿立方米。当地人均水资源量和亩均耕地水资源量仅为全国平均水平的 8% 和 15%。与此同时，白洋淀以上的地表径流 2001 ~ 2015 年间较 1980 ~ 2000 年间减少 45%。

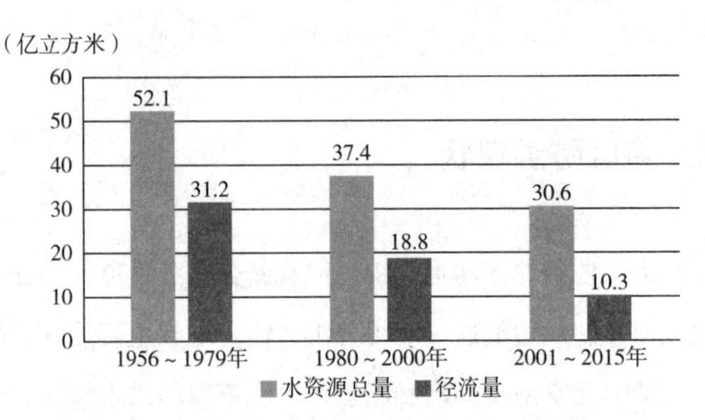

图 4.2　白洋淀以上不同时期水资源量对比图

白洋淀流域还存在水资源开发过度的问题，2001 ~ 2015 年间开发利用率高达 128%，其中，地表水资源开发利用率 86%。白洋淀山前平原浅层地下水埋深从 20 世纪 80 年代初期的 6 米下降到目前的 25 米左右，累计超采约 230 亿立方米。8 条入淀河流中，除白沟引河、府河和孝义河外，其他河流基本常年断流。南水北调中线一期、引黄入冀补淀是区域主要外调水工程。

未来随着雄安新区的建设发展，人口和产业必将发生跨越式增长，经济社会用水需求将明显增加，用水格局将发生巨大改变且以刚性需求的生活用水为主，需要充足的水量、优良的水质和高保证率的水资源供给。目前的供水工程体系基本只能满足原来雄县、安新和容城当地以农业用水为主的需求。未来必须科学配置水资源，开展相应的供水、调蓄、补水、连通、调度工程建设，并构建高效的监测、管理体系，才能支撑新区经济社会发展需求。

专栏二　　新区水资源条件分析

新区可利用水源主要包括流域地表水和地下水等常规水源、雨水和再生水等非常规水源以及南水北调中线、东线和引黄等外流域调水。

（1）新区本地可利用水量分析

雄安新区多年平均水资源总量为 1.73 亿立方米，其中地表水资源量 0.11 亿立方米，地下水资源量 1.69 亿立方米。根据雄安区域地下水补给、开采条件，考虑新区所在地区历史上地下水超采和亏空，新区不同分区发展功能定位，多年平均地下水可供水量为 1.2 亿立方米。

（2）流域可利用水量分析

白洋淀流域多年平均水资源量 41.6 亿立方米，其中地表水资源量 21.6 亿立方米，地下水资源量 29.5 亿立方米，地表地下水重复量 9.5 亿立方米。20 世纪 50 年代以来，白洋淀流域陆续修建 6 座大型水库、8 座中型水库和 116 座小型水库，总库容达 36 亿立方米。其中安各庄、龙门、西大洋、王快、口头和横山岭六座大型水库总库容超过 34.2 亿立方米，兴利库容 14.22 亿立方米，控制山丘区流域面积的 87%。近 10 年具有稳定入库水量的仅有安各庄、王快和西大洋水库，年平均入库径流量合计 5.3 亿立方米。

（3）外调水可利用水量分析

未来一个时期，具备向白洋淀流域补水的外流域调水工程有南水北调中线工程、引黄入冀补淀工程、南水北调东线工程和位山引黄入冀工程。目前，南水北调中线一期通过天津干渠向安新县、容城县、雄县供水的配套输水工程已建成，可向新区供水；引黄入冀补淀工程 2018 年已经通水。位山引黄曾经连续 5 次补淀，但 2012 年以后，由于黄河调水调沙、刷深河床的影响，黄河河槽下切、河道淤积、工程不配套成为制约位山引黄水量的主要因素。南水北调中线一期工程分配给河北省水量指标为 30.40 亿立方米，新区所在的安新县、容城县和雄县南水北调中线水量分配指标合计 0.3 亿立方米，需要在全省范围内进行指标调剂。

（4）综合分析

在现有供水工程格局下，考虑当地水资源条件和外调水，初步估算可供水量合计约 9.0 亿～10.6 亿立方米。

表 4.3　　雄安新区可供水量分析

水源	可供水量（亿立方米）
新区本地地表水	0.1 ~ 0.2
新区本地地下水	1.2
上游水库及河道下泄	1.5 ~ 2.0
南水北调中线一期工程	3.0 ~ 4.0
引黄入冀补淀工程	2.0
城市再生水	1.2
合计	9.0 ~ 10.6

数据来源：根据相关研究整理。

（2）水污染严重，水环境承载力不足

近年来，白洋淀水质长期处于Ⅳ类 ~ 劣Ⅴ类之间，富营养化问题突出。淀区及以上 47 个水功能区中，现状水质达标的仅有 10 个。淀外污染源尚未彻底切断，污染物总量居高不下，对淀区污染贡献率达到一半，白洋淀上游主要污染物化学需氧量（COD）和氨氮年入河量分别超出现状限排总量的 3.3 倍和 13.1 倍，水功能区水质达标率仅为 27.7%，约 1/3 水域水质为Ⅴ类，2/3 为劣Ⅴ类，COD、五日生化耗氧量和总磷等污染物严重超标。

表 4.4　　近年来白洋淀主要污染物入淀量（吨 / 年）

类型	COD	氨氮	总磷	总氮
淀外河流	5138	1176	166	1538
淀区周边	6384	162	180	620
内源释放	1290	107	27	367
总量	12813	1445	372	2524
入河控制量	1100	110	–	–

数据来源：根据调研资料整理。

同时，淀区内居民生活、农业生产以及大规模粗放式养殖等造成严重的内源污染问题，对淀区污染的贡献超过 30%。其中，农业面源污染严重。淀区化肥农药使用量大，利用率偏低。主要农作物农药和化肥利用率只有 38% 左右，远低于发达国家 50% 的水平，造成农田土壤和地下水污染。畜禽粪便处理设施

建设相对滞后，资源化利用率低。农田残膜回收率不足 40%。在标准地膜和降解地膜示范推广、残膜捡拾、收集、运输、加工等各个环节的补贴和利益链条机制尚未建立，缺乏扶持政策和激励措施，农民和企业回收加工的积极性不高。

（3）水生态受损，生态空间严重萎缩

20 世纪 80 年代以来，由于长期缺水，以及非法围埝、毁苇造田、无序开发等原因，白洋淀淀区大幅萎缩，面积由 20 世纪 80 年代的 366 平方公里下降到 2015 年实施“引黄济淀”工程后的 78.5 平方公里；迄今有 20 年出现干淀现象，目前仅靠应急补水维持。国家林业局开展的专题研究表明，白洋淀湿地不断受到蚕食，受道路交通及城镇建设、围垦、过度捕捞和采集影响的湿地面积达 100 平方公里。

与此同时，20 世纪 60 年代以后，白洋淀上游河流陆续修建了 143 座水库，截流严重，加之白洋淀是个“浅盘子”，在开春灌溉和水面蒸发影响下，水位下降迅速，导致白洋淀湿地泥沙淤积极为严重，湿地受威胁等级达到重度，生态状况严重恶化。多年来，在人为干扰日益加剧的条件下，白洋淀生物结构破坏和食物链断裂造成水体水质日益恶化，生态功能逐步退化，向藻型湖泊演化的进程加快，沼泽化趋势明显，淀内生物栖息失去了应有的亲水空间。

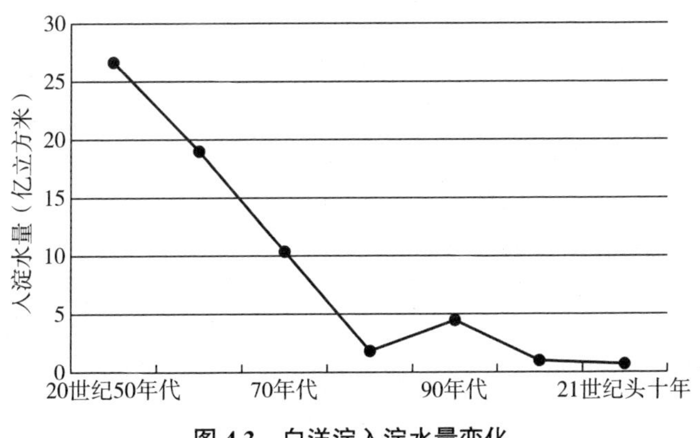

图 4.3 白洋淀入淀水量变化

由于生态状况严重恶化，生物多样性锐减。淀内浮游生物由原先 129 属减少到 85 属，原生动物由 35 种减少到 23 种，轮虫由 60 种减少到 42 种；维管束植物数量锐减，现已零星分布；鱼类由 16 科 54 种减少至 12 科 35 种，溯河鱼类和顺河入淀鱼类基本消失或绝迹。鱼类资源趋于小型化、低龄化和杂鱼化，且死鱼事件频发，仅 1998 ~ 2006 年期间就发生了 9 次大面积死鱼事件，严重时造成渔业损失近千万元。而芦苇产量由 60 年前每年 8 千万吨下降到目前不足 4.5 千万吨。

（4）防洪体系尚不完善，安全风险较大

雄安新区的洪涝灾害风险较高，防洪风险不容忽视。新区地势低洼，平均海拔 83 米，比白洋淀滞洪水位低 3 ~ 5 米，比北部兰沟洼设计滞洪水位低 8 ~ 10 米。蓄滞洪区及洼淀堤防不达标、无进退洪控制设施、安全保障严重滞后，流域中游骨干河道尚未进行彻底治理，白沟河、新盖房分洪道行洪标准仅为 10 年一遇，白洋淀千里堤防洪标准不足 50 年一遇。

现状白洋淀蓄滞洪区内居住约 70 万人，其中淀区约 10 万人。大清河流域近 300 年发生较大水灾 12 次，据中科院地理所模拟结果显示，一旦发生 100 年一遇的洪涝灾害，新区淹没面积将达 61%。

总体上，新区的现状水安全总体形势依然十分严峻，水资源供需矛盾突出、生态用水不足、水污染严重、淀区持续萎缩、生态功能下降等突出问题，已成为制约新区全面建成高质量高水平社会主义现代化城市的明显短板。

4.6.2 面临的主要挑战

设立雄安新区是以习近平同志为核心的党中央作出的一项重大的历史性战略选择，是千年大计、国家大事。在千年尺度上看，持续的、长久的水安全保障是雄安新区建设和发展的头等大事。但如上所述，白洋淀流域水资源问题由来已久，水资源供给严重不足，与经济社会、生态环境用水强烈需求形成较大反差，加之新区未来高质量发展和生态建设需求，对水安全保障无疑提出了更大的挑战。

（1）水资源保障面临的挑战

新区需要高质量的水资源安全保障。新区以建设北京非首都功能疏解集中承载地为出发点，要将新区建设成为绿色生态宜居新城区、创新驱动发展引领区、协调发展示范区和开放发展先行区。随着雄安新区的建设，人口和产业必将发生跨越式增长，经济社会乃至生态用水需求将明显增加，用水格局将发生巨大改变且以刚性生活用水为主，需要充足的水量、优良的水质和高保证率的水资源安全保障。在现状水资源总量衰减，缺水态势严峻的情况下，未来新区供水水源配置与调度，以及整个城市供水系统安全运行均面临较大挑战。

水资源需求存在较大的不确定性。雄安新区是在“一张白纸”上重新建立一个百万人口的新城，与一般意义上的新区完全不同，其发展路径没有成熟经验可供参考。虽然相关规划对新区建设的总体目标和重点任务进行了总体安排，但从长时间尺度来看，雄安“千年大计”还存在很大的不确定性。无论是未来人口规模和分布，还是产业规模和结构，以及生态环境建设等要素均存在变数，导致未来新区水资源需求存在较大的不确定性，给水资源保障的科学规划和实施带来难度。

周边地区水资源需求需要整体考量。需要看到的是，就京津冀地区整体而言，该地区是我国北方经济最具活力的城市群，也是我国乃至全世界人类活动对水循环扰动强度最大、水资源承载压力最大、水资源安全保障难度最大的地区。作为疏解北京市非首都功能的重要承载地，雄安新区建设对区域水资源开发利用的空间格局会造成一定改变，但对京津冀整体的水资源承载压力改善作用极为有限，尤其对河北省保定市、沧州市等新区上下游地区水资源利用将形成一定竞争态势。如何在保障新区水资源安全的同时，不损害周边地区合理用水需求，不加剧区域整体水资源承载压力，是必须关注的问题。

（2）水环境保护面临的挑战

上游地区入河污染物削减任务艰巨。入淀河流是白洋淀最重要的污染源，是各项污染物，尤其是总氮和氨氮的最主要来源。在主要入淀河流中，府河水质基本处于劣V类的水平，仅焦庄断面在2012年达到过IV类。拒马河近年来水质呈恶化趋势，新盖房断面2012年为III类水质，2013年降为V类，2015年则变成劣V类。上游河流水质恶化是新区水环境改善的制约性因素。因此，削减保定市区以及定州、安国、蠡县、高阳等上游地区入河污染物是改善新区水环境的主要途径，但这不仅需要加强当地污水处理基础设施建设，根本上还有赖于当地的经济转型和产业结构调整，其高治理成本很可能是地方经济难以承受的，将是一个长期艰巨的过程。

白洋淀内源污染治理难度大。淀区内现有40个纯水村庄，9.51万人口，人类活动强度高，淀内村庄围堤打埝、屯田、修路、盖房等现象普遍。目前，村庄污水管网和处理设施基本空白，大量生活废水未经任何处理直接排入淀内水体。生活垃圾随意丢弃，淀区水体及岸边垃圾乱弃、乱倒污染现象十分严重。近年来淀区芦苇因传统编织技术遗失且深加工产品经济效益低廉，芦苇生长繁殖长期处于失控状态，芦苇残体进一步恶化淀区水质。淀内农田种植过程中所使用的农药及化肥等通过降雨径流、农田排水、地下渗漏等途径进入地表和地下水体。农村与农业面源污染量大面广，受自然条件突发性、偶然性和随机性制约，且形成机理模糊、潜伏性强，使得对其进行监管和治理的难度都很大。

（3）水生态改善面临的挑战

水量长期不足制约流域生态改善。流域各条河流中仅府河承接保定市区排放污水，能保证常年有水进入淀区；白沟引河日常上游来水量极少、汛期有短促雨水汇入，不足以维持河道生态；其他几条入淀河流几乎常年干涸，河道生态已被完全破坏。伴随河道的干涸，白洋淀上游来水锐减，从 1998 年至今白洋淀水位几乎年年逼近干淀警戒水位，为维持白洋淀水生态功能开始跨流域调水补给，依靠“引黄济淀”工程，白洋淀从此进入频繁补水的低水量维持基本生态功能阶段。随着引黄入冀补淀工程建成，白洋淀入淀水量可以在一定程度上得到保障，但上游河流天然径流短期内难以恢复，区域良性水循环难以构建，流域生态得到根本性改善将是一个长期的过程。

表 4.5　　白洋淀补水情况统计表　　（单位：亿立方米）

年份	水库	补水开始时间	补水结束时间	出库水量	入淀总水量
2000	安格庄水库	6 月 16 日	6 月 27 日	0.3111	0.18
	王快水库	12 月 19 日	1 月 12 日	0.7902	0.406
2001	安格庄水库	2 月 27 日	3 月 21 日	0.3287	0.2164
	王快水库	6 月 7 日	7 月 5 日	0.9079	0.4513
2002	王快水库	7 月 30 日	8 月 20 日	0.6108	0.3104
	西大洋水库	2 月 7 日	3 月 12 日	0.5015	0.3501
	西大洋水库	4 月 17 日	5 月 7 日	0.3873	0.1974
2003	王快水库	1 月 8 日	3 月 28 日	2.0000	1.1634
2004	岳城水库	2 月 16 日	6 月 16 日	3.9000	1.6000
2005	安格庄水库	3 月 23 日	4 月 25 日	0.8363	0.4251
2006	安格庄水库	3 月 15 日	3 月 27 日	0.3269	0.0815
	王快水库	3 月 16 日	4 月 20 日	1.191	0.4867
2006 ~ 2007	黄河	11 月 24 日	4 月 21 日	4.7900	1.0000
2008	黄河	1 月 25 日	6 月 20 日		1.5760
2009	黄河	10 月 1 日	年底		0.6620

续表

年份	水库	补水开始时间	补水结束时间	出库水量	入淀总水量
2010	黄河	接上年	1月23日		0.5200
2009	安格庄水库	6月10日	7月7日	0.7100	0.1800
	西大洋水库	9月15日	10月15日	0.2934	
2010	西大洋水库	9月20日	9月25日	0.0506	
2010	黄河	12月13日	4月23日		0.9344
2011	西大洋水库	9月12日	10月10日	0.1431	
2011	黄河	12月15日	1月10日		0.4825
2012	西大洋水库	8月5日	8月23日	0.1104	
2013	西大洋水库	6月22日	7月6日	0.2900	
2014	西大洋水库	8月21日	8月31日	0.0661	
2015	西大洋水库	4月21日	7月9日	0.5625	
……					
2018	丹江口水库	4月	6月		1

备注：西大洋给保定市“大水系”供水，再由保定市区入白洋淀，入淀水量未监测。

数据来源：本研究整理。

大量历史欠账需要弥补。白洋淀以上山前平原浅层地下水埋深从20世纪80年代初期的6米下降到目前的25米左右，已累计超采约230亿立方米。地下水长期超采，改变了地表地下径流的转化关系，导致淀西平原一般年份已无地表径流产生，山区径流出山后大部分入渗补充地下水，大部分河流常年干涸。因此，要恢复流域生态，必须通过压采地下水，在实现地下水采补平衡的基础上，进一步推动地下水位逐步恢复，弥补数十年累积的历史欠账。

5. 雄安新区水安全治理现状与问题

5.1 新区水安全治理历程

白洋淀涉及安新县、高阳县、容城县、雄县和任丘市等 5 个县市，从史至今为争水、争地、防洪排水等问题，矛盾不断。20 世纪 70 年代初安新县和任丘县的一次水事纠纷曾惊动国务院，由周恩来总理亲自出面才得以解决。2002 年春节由西大洋水库向白洋淀补水期间，安新县将通向下游任丘市方向的河道、航道全部堵闭，引起任丘市群众不满引发纠纷。2004 年安新县东田庄村和任丘西大务村因白洋淀内修筑围埝发生纠纷，后经过河北省政府协调，抢水风波才得以平息。

1988 年白洋淀重新蓄水后，为保护白洋淀水资源，河北省政府成立以主管副省长为组长、水利厅厅长和各地区主管水利的专员为副组长、各有关县主管县长及专管机构领导为成员的白洋淀领导小组，成立了白洋淀专管机构——河北省白洋淀管理处，作为白洋淀领导小组的常设办事机构，与大清河河务处一套人马两块牌子。1989 年 3 月省政府召开了第一次白洋淀领导小组会议，印发了《白洋淀管理领导小组第一次会议纪要》，明确了管理原则、机构设置和职责范围。1989 年 6 月，白洋淀管理处正式成立并开始行使职权。1992 年省政府出台《河北省白洋淀水环境保护管理规定》，批准了《白洋淀水域环境功能区划意见》，使白洋淀污染综合治理走上了法制化的轨道。

白洋淀管理处的成立对白洋淀水资源统一管理及保护起了一定作用。但由于白洋淀区划隶属 5 个县市，各地区政府各自为政，水利、农业、林业、渔业、旅游各部门各自为战，造成白洋淀管理条块分割，相互之间缺乏协调和衔接，加之历史上水事矛盾重重，白洋淀管理处难以真正对白洋淀进行统一协调管理，造成水事失序、污染失控、治理失效。数年后，省、市、县领导均已变更，但未再重新明确小组成员。2004 年，河北省大清河河务管理处实地调查显示，周边各市县群众，为眼前利益，不经水行政主管部门批准，擅自在淀内乱挖乱建，大搞围埝种植或养殖，束窄或截断行洪断面，淀内围埝共有 80 多处，高程多在 8.5 ~ 9.5 米，有些围埝高达 10.0 米接近设计水位 10.5 米，淀内围埝总面积达 27 平方公里，白洋淀管理失效可见一斑。

为了更好适应新区生态环境保护工作的需要，2018 年 5 月 16 日，河北雄安新区生态环境局在容城县挂牌成立。这是自生态环境部组建以来，在全国范围内成立的首个地方“生态环境局”。河北雄安新区生态环境局作为河北省环境保护厅的派出机构，由河北省环保厅和河北雄安新区党工委、管委会双重管理。雄县、容城县、安新县环境保护局调整为河北雄安新区生态环境局直属分局，由河北雄安新区生态环境局直接管理。其主要负责拟订并组织实施新区生态环境规章和规范性文件，协助新区组织编制环境功能区划，会同新区拟订重点区域、流域污染防治规划和饮用水水源地环境保护规划，并组织实施；负责重大环境问题的统筹协调和监督管理，牵头协调辖区内重大环境污染事故和生态破坏事件的调查处理，指导协调雄安三县政府对重大突发环境事件的应急、预警、处置工作，协调解决有关跨区域环境污染纠纷，统筹协调新区重点流域、区域污染防治工作；负责组织督促新区落实污染减排目标，依据省政府确定的主要污染物总量控制目标，组织对雄安三县政府及重点排污单位的指标分解并监督实施；负责督办、核查有关单位污染物减排任务完成情况，实施生态环境目标责任制和目标考核、总量减排考核，并提请新区管委会公布结果；负责从源头预防控制环境污染以及环境污染防治的监督管理；负责拟订生态保护规划的职责，指导、协调和监督自然保护区的环境保护，监管野生动植物、珍稀濒危物种保护及白洋淀湿地环境保护，组织指导农村生态环境综合整治，组织协调生物多样性保护；还要负责水源地、河流及白洋淀环境质量的监督管理，负责新区排污许可证的审批核发，负责环境执法、环境保护制度检查、新区辐射安全监管、新区环境监测和信息发布以及负责推进生态环境科技发展等。总之，雄安新区生态环境局的成立，对促进雄安新区水生态环境保护和水安全治理具有重要意义。

5.2 新区水安全治理进展与成效

近年来，当地政府围绕工业生产、城镇生活、农业农村等方面的污染源整治为重点，推进实施纳污坑塘整治行动，截污整治行动，河道淤泥垃圾清理行动，城区黑臭水体整治行动，绿满太行等专项行动，取得了一定的成效。

一是推进纳污坑塘整治，唐河故道封堵截污。先后印发《保定市坑塘整治工作方案》《保定市纳污坑塘整治再检查再复核工作方案》《关于切实加强纳污坑塘整治工作的通知》，对保定市纳污坑塘进行全面排查、整治、复核，建立“坑塘长”制度，明确“坑塘长”责任。保定市共排查出各类坑塘 1774 个，其中涉及工业废水、养殖废水的重点纳污坑塘284个。对全市纳污坑塘，按照“一坑一策、分类施治”原则，明确责任，倒排工期，修复治理渗坑水质。2017年4月起对唐河污水库上游两个主要污染源头及天鹅化纤工业园区的污水进行了整改，改排市政管网，解决了四十余年来污水库的问题。

二是推进重点行业和“散乱污”企业的整治，淘汰落后产能。对制革、造纸、印染等传统重污染行业，下大力度淘汰落后产能，取缔关停一批，整合升级一批。当地造纸废水排放量由每天近10万吨下降到1.5万吨，COD排放量减少了90%，印染企业由200多家减少到现在的120家。国有大型企业天鹅股份关停了亚洲规模最大的4条粘胶长丝生产线，消除了每天2万吨污水的源头排放。34家直排河企业全部执行最严格的城镇污水处理标准，并安装了污染物在线监测装置。2017年以来开展“散乱污”企业的排查整治，共排查涉水“散乱污”企业1万余家，按照整合搬迁一批，整治改造一批的要求，全部完成了取缔和整治。

三是推进污水集中处理设施建设，提升污水出水水质。“十一五”以来，保定市各县（市）乡级建成了42座污水处理厂，形成了每天130余万吨的污水处理能力，实现城区和重点乡镇全覆盖。这些污水处理厂全部执行城镇污水处理一级A标准，尤其是2015年后入淀水质有了一定的改善。为了进一步改善水质，保定市投资3.6亿元，启动了对市区鲁岗污水处理厂和高阳县污水处理厂的改造升级。此外，还加强了城镇污水处理设施建设，启动了蠡县等十项污水处理厂扩建项目，扩大排放管网覆盖范围。

四是建立白洋淀长效补水机制，补充白洋淀生态用水。自1996年以来先后对白洋淀实施上游水库补水、跨流域调水等32次应急调水，及时缓解了白洋淀缺水状况，满足了白洋淀生态用水的基本需求。自2010年开始，保定市投资37.5亿元实施“大水系”建设，建成王快水库—西大洋水库连通工程，正常年份王快水库可向西大洋水库调水2亿立方米，通过引水入市将清水引入保定市区，经府河流入白洋淀，在改善保定市区水环境、确保百万居民饮水安全的同时，还可以缓解白洋淀、一亩泉水源地水资源紧缺状况。截止到2017年底，保定市的大水系工程已累积向白洋淀生补水13次，特别是雄安新区设立以后，分两次经大水系工程对市区和白洋淀进行生态补水，白洋淀受水量4700万立方米以上。近期还探索实施了南水北调中线向其下游河道补水，优化区域水资源配制。

五是推进城区黑臭水体治理，综合治理非法排污。针对市中心城区7条黑臭水体，保定市制定了“一河一策”整治方案。2016 ~ 2017年先后完成了清水河、护城河等五条水体整治，2018年计划完成一条水体整治。2017年以来按照封堵一批整治一批，规范一批的要求，深入开展上游河道支流截污，组织开展入河排污口规范化建设工作，实行排污口地标管理。对偷设或私设暗管、门口等非法排污的一经发现，立即封堵，立即立案查处。截至2018年4月，共排查排污口2900个，封堵非法入河排污口1574个，从源头上减少了入河污染物。

六是加强农业面源污染防控，开展农村生活环境整治。推进禁养区划定和搬迁工作，养殖场摸底调查，禁养区内250家养殖场均于2017年底搬迁完毕，连续13年实施测土配方。使用配方肥面积达到484万亩。全力推动农村生活环境整治，以饮用水水源地周边，南水北调沿线周边为重点，全面实施农村垃圾处置和生活污水治理等农村清洁工程。对城镇周边村庄优先选择接入城镇污水管网统一处理，纳入城乡第一体生产垃圾处理体系。对距城镇较远的村庄，通过建设小一体化污水处理设施等方式进行污水处理，在2016年完成445个村庄整治基础上，2017年又完成了231个，同时启动了主城区117个城中村污水集中整治工程。

5.3 新区水安全治理存在的问题

5.3.1 尚未形成与新区水安全战略地位相匹配的理念认识与制度优先安排

对水安全在雄安新区建设发展中作用举足轻重的认识尚存不足，规划衔接上存在断层。《规划纲要》提出保障新区水安全和实施白洋淀生态修复，但限于篇幅、多为宏观性描述。“生态优先、绿色发展”理念尚未完全形成，理念认识不足造成工作层面上容易形成误区，重建设、轻生态，重总体规划制定、轻专项规划实施。《规划纲要》出台后，对理应先行的新区水安全治理和白洋淀生态环境保护和治理规划重视不够、进展缓慢，与新区规划纲要、雄安新区建设进度出现脱节[①]。实践表明，水安全治理与经济社会发展是极其复杂的问题，解决这一系列问题是一个复杂而长期的系统工程，需要转变观念，提高认识，避免“边规划边建设”的老问题，确保水治理规划等相关制度安排先行于经济建设。

5.3.2 尚未形成推动新区水安全治理的法制保障与长效机制

河北省曾专门针对白洋淀制订了一些规章，但多数已废止，如《河北省白洋淀水体环境保护管理规定》等。目前，《白洋淀水污染防治条例》尚未实施、《河北省白洋淀水面有偿使用管理费收费办法》（1993 年）尚在发挥一定作用、

---

① 本研究为2018年研究成果。据公开报道，2019年1月，经党中央、国务院同意，河北省委、省政府正式印发《白洋淀生态环境治理和保护规划（2018～2035年）》。

但时效性差。法制保障不足使得新区在水资源保障、水污染防治、水生态修复、区域流域联防联控、生态补偿等方面未能形成长效制度保障，容易出现多头管理、权责不清、执法推诿、效率低下等问题，造成流域环境污染、生态恶化、补水不能持续、淀内农村污染加剧等问题。

5.3.3 尚未形成流域协同共治的有效体制机制

新区所处白洋淀流域汇水面积 3.12 平方公里，影响至冀中南各市及北京、天津、山西范围，需要从流域尺度进行统筹治理。然而，目前白洋淀流域生态环境协同治理的体制机制尚不健全。新区三县环保力量薄弱，技术装备水平低下；近期刚刚组建成立的新区生态环境局，作为省环保厅的派出机构，接受省厅和雄安新区的双重领导，以省厅为主，但在人员、技术、资金等基础能力方面仍较为薄弱，加之区域内河长制落实不到位，使得难以适应新区及白洋淀繁重的环境治理要求。同时，尽管河北省也曾建立过专门的白洋淀统管机构——河北省白洋淀领导小组，但目前处于名存实亡状态。其下设的白洋淀管理处作为领导小组的常设办事机构，与河北省水利厅大清河管理处一套人马两个牌子，在实际中也未能充分发挥管理协调白洋淀流域治理和开发利用的职能。

5.3.4 尚未形成与新区战略地位相匹配的资源生态环境标准体系

现行节水和生态环境标准体系以国家标准体系为主，整体水平不高，难以满足新区高质量的资源节约和生态环境保护要求。以污水排放标准为例，虽然新区和白洋淀上游所有城镇污水处理厂和排水企业均执行当前最严格的《城镇污水处理厂污染物排放标准》（GB18918–2002）一级 A 标准（以 COD 为例，限值 50 毫克 / 升），但与白洋淀要达到的 III 类水质（COD 限值 20 毫克 / 升），以及入淀河流要达到的 III 类或 IV 类水质（COD 限值 30 毫克 / 升）仍有很大差距。污水虽能够达标排放，但由于排放量大，水环境容量小，仍会导致河流整体水质恶化。

5.3.5 尚未形成有效解决治理资金瓶颈的多元化投入机制

随着新区建设进程的加速和区外人口的快速聚集，现有环境保护设施已不能满足新区水安全治理的需要，如保定市等城镇污水处理能力不足、配套管网建设不完善、排放标准与环境质量标准有差距、乡镇污水处理设施缺乏等问题突出。加之历史遗留的生态环境问题仍未得到彻底解决，新区在污水处理和垃圾处置、疏补水工程建设与通道防护、生态保护与修复、生态环境监测等基础设施建设方面将面临巨大的资金压力。而目前保定市及环淀县市普遍财政拮据，很多规划项目因资金筹措困难，前期工作进展较慢，仅靠河北省和环淀区各县市财政很难解决问题，必须多渠道筹措治理资金。

6. 国内外水安全治理典型案例与启示

6.1　以色列以需水管理促进供需平衡

6.1.1　以色列水资源保障问题

水资源极少且分布不均是以色列的基本水情。以色列地处地中海东岸，实际控制国土面积约为 2.5 万平方公里，多年平均降水量 435 毫米，北部约 700 ~ 800 毫米，中部平原 400 ~ 600 毫米，南部内盖夫沙漠只有 20 毫米，且蒸发能力极大。多年平均自产水资源量为 7.5 亿立方米，其中地表水资源为 2.5 亿立方米，地下水资源（不重复量）为 5 亿立方米；多年平均入境水资源 10.3 亿立方米，其中地表水资源 3.05 亿立方米，地下水资源 7.25 亿立方米。人均水资源约 245.1 立方米，不到世界平均水平的 1/25。

6.1.2 以色列需水管理主要举措

以色列把解决水的供需矛盾作为1948年建国以来的首要任务，在全面开发和控制水资源的基础上，以实现用水的最大效率和效益为目标，进行了严格的需水管理。

以色列在立国之始就制定了与水有关的重大国策：本国不生产需水量大的粮食，而以种植耗水少、产值高的水果、花卉、蔬菜、棉花出口来换取粮食。以色列与水有关的所有事项由水委员会负责，该委员会根据单位用水所产生的最大效益来分配水的使用权，并在国家层面实施综合平衡的水生产和供应政策。该委员会有权针对水的使用单位建立定量和定性标准。农民禁止使用超出配额外的水资源。井口水表由水委员会办公室官员进行读数并加以控制。以色列所有的水资源开采、供应、消费、地下水回灌和污水处理活动都必须得到许可才能进行，许可证每年发放一次，有效期一年。许可证中规定了生产和供应水的数量、质量和程序，以及提高利用效率、防止污染等有关要求。如果这些条件得不到满足，或水源受到污染威胁，水委员会就有权收回许可证。以色列通过一年一度的水审计来检查检测无效的水损失，回收废水加以利用，推广节水技术，包括城市用水和农业用水，用水指标和用水定额都经过对需水的反复研究加以确定。而居民的供水则通过市政部门进行，市政部门具有水的生产者和供水者的双重功能。在1995年以前，根据配额确定居民用水量；之后取消配额，实行阶梯水价制，一户一表，单独支付水费。工业用水方面则根据配额分配，依据法规确定不同工业部门的配额。农业灌溉用水的配额由农业研究部门研究、农民参与共同制订的规则进行配置，以实现单位用水的最大产出。

以色列加强需水管理的核心是节水。在严格管理用水的同时，以色列还实行了中水回用、海水淡化、进口水、人工降雨、截流和人工回灌等水资源管理战略。

6.1.3 以色列需水管理成效

完善的法律法规、行政制度和经济手段，使得以色列政府在需水管理方面取得了巨大的成功，在保持经济稳定增长的同时，基本满足了人口增长对水资源的需求。从 1948 ~ 2003 年，在以色列这样一个地处干旱和半干旱区的国家，人口从 65 万增长到 680 万，人均 GDP 从 300 美元增长到 15000 美元，但人均淡水用量仍维持在 300 立方米左右，成为从传统的供水管理向需水管理转变的世界典范。

6.2 新加坡多渠道开源提高供水自给率

6.2.1 新加坡水资源主要问题

新加坡水资源条件在某些方面与雄安新区类似，其国土狭小，人口密集，常规水资源极其缺乏。新加坡国土面积仅 710 平方公里，总人口 494 万（2009 年），人口密度为 6966 人 / 平方公里，十分密集。尽管多年平均降水量高达 2497 毫米，但由于无良好含水层，源短流急，水资源调蓄能力较差，人均水资源仅为 211 立方米，在世界排名倒数第二。

长期以来，新加坡居民的日常用水，一半依靠雨水收集储存，另一半依赖从马来西亚进口淡水。根据与马来西亚的协议，新加坡通过约 40 公里的管道从马来西亚的柔佛水库进口水，这种依靠进口的水源不够稳定。1942 年，日军将马来西亚柔佛州与新加坡之间的输水管炸毁，新加坡被日本占领。1965 年新加坡从马来西亚独立，尽管与马签订了两份供水协议，且两国针对该两项协议每4 ~ 5年就要进行一次协商，对水价和履约形式进行调整，但利益冲突仍相当激烈，水经常成为马来西亚博弈新加坡的筹码，导致新加坡政治和外交十分被动。

6.2.2 新加坡水资源保障战略

新加坡把水资源视为关系国家存亡的命脉，为此制定了四大"水喉"战略，俗称"4个水龙头"，以此保障新加坡供水的充裕和多元化，即：进口水、收集雨水、淡化海水和新生水。具体做法如下。

努力稳定新马之间的供水协议。新加坡在1965年8月成立独立国家，在还是英国殖民地自治邦时，于1961年和1962年与马来西亚分别签署了两份长期供水协议，有效期分别为50年和100年。1961年所签协议已经于2011年到期，1962年所签协议将于2061年到期。根据1962年供水协议，新加坡每天可从马来西亚柔佛河取水不超过2.5亿加仑（约94.6万立方米）。尽管从未发生过撕毁协议的情况，但两国间就水价问题纷争不断，一旦政治动荡，水源被切断，供水安全无从保障。为此，新加坡除了在外交上周旋，同时还对供水协议的价格做出调整，以考虑马来西亚的要求。两国已经开始探讨2061年后供水协议问题。近年来，新加坡方面表示，到2061年协议到期时，将完全可以实现水源的自给。

建设覆盖广泛的雨水蓄积系统。新加坡属于热带雨林气候，降雨强度大、时程短、分布面积小。针对这种特点，新加坡建立了较为完善的雨水蓄积系统，通过此系统，分布各地的集水区收集的雨水注入各大蓄水池（新加坡有32条河流，利用河流建造了17个蓄水池）。目前，新加坡的雨水蓄积系统已经发展到第四代，基本实现了国土面积上降水的全部收集。新加坡公用事业局宣称，如果这些雨水积蓄系统的容量充分利用，将能收集雨水60万吨/日，满足正常用水量的约40%。

不断提高再生水的回用比例。所谓“再生水”，是一种回用水，通过微滤、反渗透和紫外线消毒等工艺，将经过二级处理的生活污水进一步净化而得。新加坡从20世纪70年代就开始研发再生水利用技术，建设的首个实验性废水再生处理厂由于效益差和技术问题于1975年关闭。1998年开始，新加坡又进行了废水回收的研究。2002年，新加坡新生水技术研发成功，2003年开始推广使用。截至2011年，新加坡共有5座再生水厂，每天可满足30%的用水需求（规划到2020年可扩大到40%），考虑到民众在心理上对再生水还存在疑虑，目前主要用于工业，为一些晶圆厂和炼油公司提供所需的不含化学杂质的水资源。本地工业对再生水的需求从2003年的1.8万立方米/天迅速增加至现阶段的27.3万立方米/天，增长了15倍。另外，约有全国每天用水量5%的再生水进入蓄水池，与其他水源混合后，经水厂加工进入家庭。据分析测算，再生水的清洁度至少比世界卫生组织规定的饮用水标准高出50倍，而售价比自来水便宜至少10%。

积极扩大海水淡化的规模。新加坡从1998年开始实施“向海水要淡水”计划，通过支持自行设计、建造和营运，鼓励私人企业参与海水淡化开发。2005年，投资2亿新元、占地8公顷的新加坡第一家海水淡化厂启用，该厂是当时亚洲最大的海水淡化厂，采用反渗透法淡化海水，每天可生产淡化水13.6万立方米，可以满足新加坡10%的用水需求。第一年运营，海水淡化成本为0.78新元/立方米，而当时新加坡的水价是1.1新元/立方米。2013年，第二座海水淡化厂——大泉海水淡化厂竣工，每天可生产淡水31.85万立方米。

6.2.3 新加坡水资源保障战略的成效

2014年春季，50年未遇的大旱威胁东南亚地区，马来西亚的许多地区被迫采取限水措施，新加坡反而显得从容，500 多万居民每天有充足、干净、安全的自来水。政府号召居民“节约用水”而不需要限制用水。美国《国家地理杂志》称：“新加坡已成为城市高效用水及创新水循环科技的范例”。目前，新加坡再生水和海水淡化水在年供水量中占比约 30% 和 25%，新加坡政府计划在 2060 年将这一比例提高到 55% 和 25%，在 2061 年第二份供水合约到期前实现供水完全“自给”。

6.3 日本琵琶湖水环境综合管理治理

湖泊污染治理是国际公认的难题，国外在湖泊治理过程中积累了许多先进理念和经验。由于湖泊的自然特征各不相同，湖泊治理思路一般也有差异，通常可分为深水湖泊、大中型浅水湖泊以及小型城市湖泊治理。深水湖泊通常具有水体温跃层，污染物滞留时间长，需要重点防控外源污染，在这方面的国外典型案例主要有德国博登湖、北美五大湖以及芬兰塞马湖。而白洋淀属于大中型浅水湖泊，这方面典型案例包括日本的霞浦湖、琵琶湖以及美国的阿勃卡湖，其中以琵琶湖最为成功。

6.3.1 琵琶湖水环境的主要问题

琵琶湖是日本第一大淡水湖，位于日本近畿地区滋贺县中部，邻近日本古都京都、奈良，横卧在经济重镇大阪和名古屋之间，是日本近畿地区的主要饮用水源，水域面积约 674 平方公里。20 世纪六七十年代，日本经济高速发展，污水排入琵琶湖，琵琶湖水质严重恶化，富营养化问题突出，淡水赤潮、蓝藻水华年年暴发，引发一系列水安全事件。

6.3.2 琵琶湖水环境治理举措

从 1972 年起，日本政府全面启动了“琵琶湖综合发展工程”，历时近 40 年，促使琵琶湖水质由地表水质 V 类标准提高到 III 类标准。琵琶湖治理的基本思路可以概括为：源水保护、入水处理、湖水治理、生态恢复、立法管理、意识同步（伍立、张硕辅，2007）。

在源水保护方面，琵琶湖的源水主要来自其周围环绕的高山，当地政府通过保林、护林、造林、育林、防砂、治山等措施来保证有足够的森林植被和雨水浸润区，并且通过保护梯田及完善农业基础设施确保有一定的农地渗透地域，在城镇街道进行透水性铺设和绿化以确保有一定的雨水入渗区域，确保水源水量充足、稳定，水质良好。

在污水排放控制方面，为保护琵琶湖，滋贺县实行了比国家排放标准要求更高的排放标准。根据滋贺县治理琵琶湖的相关规定，对所有生活污水的处理主要采取以下几种措施：城区污水由污水处理厂处理；农村社区由小型污水处理厂处理；没有被以上措施处理的生活排放，则一家家地收集起来，专门集中处理。此外，日本政府还采取多种措施对入湖河流进行直接净化，比如疏浚河底污泥、在河流入口种植芦苇等水生植物、修建河水蓄积设施等。

在湖水治理方面，日本政府通过对污染源、流动过程和湖内水质进行综合治理，以达到 1965 年前的湖水水质状况。在生态恢复方面，着重保护湖心水域的生物生存环境、恢复湖边水域生态系统、建设湖边平原（丘陵）地区生态系统、建设山地森林生态系统，同时加强湖泊景观建设，以最终恢复整个流域的生态系统。

在立法管理方面，从 20 世纪 60 年代末起，日本地方政府先后制定了一系列法规和条例，对琵琶湖周围地区的生活污水和工业废水排放、湖泊与河流的堤防建设等作了明确规定，并制定了 3 期湖沼水质保全计划及琵琶湖未来发展规划。

在公众教育方面，滋贺县每年 10 月会定期举办“琵琶湖环保产业展览会”，包括京都大学、松下公司等在内的 400 多家著名高校和企业参加。除在中小学生课程中加入琵琶湖浮游生物辨知和水草的分解利用实践操作外，日本还在湖边建有琵琶湖博物馆，通过多视角、全方位、立体结合等方式向参观者展示了琵琶湖的形成历史、物种入侵情况、捕鱼航运的发展及周围居民生活变迁。另外，为保护生活环境和公共用水，日本将每年的 9 月 10 日定为“下水道日”，10 月 1 日定为净化槽日，开展各种形式的普及、宣传和全民参与活动。

6.3.3 琵琶湖水环境治理成效

经过 30年的治理，琵琶湖的污染得到了有效的控制，蓝藻水华消失，水质好转，水质相当于我国地表水 II 类标准，透明度达到 6 米以上，美景重新恢复，成为著名的旅游胜地。

6.4 莱茵河上下游协同治理保障水安全

6.4.1 莱茵河流域水污染问题

莱茵河发源于瑞士，流经德国、法国、奥地利、卢森堡、列支敦士登、比利时和意大利，汇入荷兰的瓦登海，其主要部分位于德国。莱茵河全长 1320

公里，流域面积达 19 万平方公里，流域人口 6000 多万。莱茵河流域，尤其是德国境内的流域，工业化程度很高，生产全世界 20% 的化学品，荷兰的作物产量和农药投入量也很高。

莱茵河曾经被称为“欧洲最脏的河流”。它的水污染问题可以追溯到数百年前，沿河城市未建造城市废水污水处理系统，工业企业开始将废水直接排入莱茵河，出现了严重的污染。随着城镇化的发展，农业集约化程度越来越高，排入莱茵河中的营养物质浓度继续增加。同时，日益发展的工业产生了更多的重金属废弃物和有机污染物，内陆水运的发展也带来了溢漏的风险。到 20 世纪六七十年代，大部分河段不适宜饮用，饮用水生产受到威胁。1986 年，位于瑞士巴塞尔城外的费兹化学公司仓库失火，约 30 吨含有剧毒乙基对硫磷的杀虫剂和除草剂流入河中，污染物在河内形成一条长约 70 公里的剧毒物质漂浮带。不仅使河中大量鱼和水生生物死亡，而且造成沿岸居民生活用水困难，直接受害水域约 240 公里，两岸游人回避，牲畜绝迹，莱茵河成为死河。

6.4.2 上下游协同治理实践

1950 年，在荷兰的倡议下，莱茵河干流经过的 5 个国家——瑞士、德国、法国、卢森堡、荷兰，成立了保护莱茵河国际委员会（ICPR）。

1986 年污染事件发生后，ICPR 各成员国部长会议于 1987 年 10 月 1 日正式通过“莱茵河行动计划”，该计划主要目标包括污染控制和改善生态环境。具体来说，到 1995 年，排入莱茵河主要有毒物质与 1985 年相比，要削减 50%，工厂的安全规范要更谨慎，要具备安全的污染物排放监控系统，将环境条件恢复到适合莱茵河的典型植物和动物生存等。与此同时，传统的单一流域水管理要向以生存质量可持续发展为目标的可持续综合管理转变，流域内各国为共同治理莱茵河签署了控制化学污染公约、控制氯化物污染公约、防治热污染公约、2000 年行动计划、洪水管理行动计划等一系列协定。2000 年，欧盟的水框架指令禁止欧盟国家向莱茵河排放未经处理的废水。紧接着，被称为《莱茵河 2020》的莱茵河治理第二期计划于 2001 年生效，这个计划包括 3 个目标：鲑鱼在莱茵河可以在没有人类干预的情况下，达到种群自然繁衍的水平；水质持续改善，各种重金属与有毒物质含量降低到可接受水平，莱茵河水成为可饮用水；莱茵河下游三角洲地区的地下水达到饮用水水平。

在组织机构方面，如前所述，下游国家的磋商促使 1950 年“保护莱茵河国际委员会”（ICPR）的成立。经过 60 多年发展，ICPR 已成为全球流域治理领域多国间高效合作的一个典范。ICPR 具有多层次、多元化的合作机制，既有政府间的协调与合作，又有政府与非政府的合作，以及专家学者与专业团队的合作。它不仅设有政府组织和非政府组织参加的监督各国计划实施的观察员小组，而且设有许多技术和专业协调工作组，可将治理、环保、防洪和发展融为一体。除此之外，还成立了莱茵河流域水文委员会、摩泽尔和萨尔河保护国家委员会、莱茵河流域自来水厂国际协会、康斯坦斯湖保护国家委员会、莱茵河航运中央委员会等国际组织。这些组织虽然任务不同，但有相互间交流信息的固定联络机制。

6.4.3 莱茵河协同治理成效

1989 年，整个莱茵河流域仅有 6 只鲑鱼被捕获。1992 年，在整个流域内捕获了 18 条鲑鱼，此后已有记录显示，鲑鱼开始在上游湿地产卵。1994 年，斯厄格里河的自然产卵地发现了新孵化的卵黄囊。到 2000 年，莱茵河保护国际委员会宣布，鲑鱼比原计划提前 3 年回到莱茵河。但数十年的长期污染已经彻底影响了莱茵河流域的土壤、河道以及周边湿地与下游的泛滥平原生态系统，现在的莱茵河治理还远没有达到生态系统自然修复的水平。目前莱茵河治理仍在持续推进当中。

6.5 浙江“五水共治”[①]

6.5.1 浙江省水安全问题

2013 年，浙江省发生了三起水相关事件：一是在年初，多地环保局长被邀请下河游泳。虽然大江大河的水质数据好看了，但老百姓身边的水体仍存在许多问题，获得感仍然很低。造成嘉兴等平原水网地带水质性缺水的根本原因在于粗放的经济传统增长模式和生产生活方式。二是 2013 年 10 月，“菲特”强台风正面袭击浙江，引发余姚等地严重洪涝灾害，使得浙江省快速城市化过程中，防洪排涝等基础设施能力不足的短板凸显出来。为此，须把治污和防洪排涝、加强供水节水等工作统筹齐抓，才能从根本上解决水的问题。三是平原水乡畜禽养殖超负荷的警报频频拉响，粗放的农业养殖生产经营模式亟待转型，环保监管也还存在一些漏洞和盲区。这些问题，可以说是浙江发展中遇到的“成长的烦恼”，涉及经济社会方方面面，对浙江的全面协调可持续发展造成了困扰。

水资源约束经济社会发展。浙江七山一水二分田，是地域小省、资源小省，平原面积仅 2.2 万平方公里，人均水资源量只有 1760 立方米，已经逼近了世界公认 1700 立方米的警戒线。浙江以全国 1% 的土地，承载全国 4% 的人口，产出全国 6% 的 GDP，是全国人口密度、经济密度最高的省份之一。在

① 彭佳学：浙江“五水共治”的探索与实践，载于《行政管理改革》，2018（10）：9-14页。

快速工业化、城市化过程中，对水环境造成了不同程度的污染，部分河网湖泊处于亚健康状态。2013 年，浙江全省有 27 个省控地表水断面为劣 V 类，32.6% 的断面达不到功能区要求。八大水系均存在不同程度的污染。

水环境保护亟待产业升级。造成浙江水环境污染的原因主要有农业面源污染、生活污染、畜禽污染等，占比最大的是低层次产业造成的工业污染。2013 年，浙江省印染、造纸、制革、化工等四大重污染产业产值占全省工业总产值的比重不到 37%，但 COD 和氨氮排放量却占全省工业排放量的 67% 和 80%；电镀、制革业产值占全省工业总产值的比重不到 5%，但总铬排放量却占全省的 92%。

水环境污染影响社会稳定。水环境问题不仅影响民生改善，也给社会稳定带来挑战。2013 年前后，环境信访尤其是涉水污染引发的信访案件上升势头明显。此类事件容易突破地域限制，产生连锁反应，若处理不当，极易对社会稳定造成不利影响。

水治理考量干部政绩观。少数基层干部对以治水促转型心存顾虑，有的担心整治落后产能、调整产业结构力度太大会影响 GDP；有的觉得治水是潜绩，要医好水污染这个“慢性病”，需要投入大量人力、物力、财力，短时间难见效，“吃力不讨好”。这些思想顾虑，道出了治水的艰难，反映了少数干部政绩观存在的偏差，也对改革干部政绩考核方式、手段提出了更高的要求。

6.5.2 浙江省实施“五水共治”的战略举措

2013 年底，浙江省作出了“五水共治”的决策部署：宁可每年以牺牲 1 个百分点的经济增速为代价，也要以治水为突破口，倒逼产业转型升级，决不把污泥浊水带入全面小康。自此，浙江全面吹响了实施“治污水、防洪水、排涝水、保供水、抓节水”的冲锋号，打响了消灭“黑臭河”“劣 V 类水”的攻坚战。

浙江把“五个水”的治理，比喻为五个手指，五指张开则各有分工，既重统筹又抓重点，五指紧握就是一个拳头，以治水为突破口，打好转型升级组合拳。治污水，是首当其冲的“大拇指”，从社会反映看，对污水，老百姓感受最直接、深恶痛绝；从实际操作看，治污水，最能带动全局、最能见效；治好污水，老百姓就会竖起大拇指。治污水主要以提升水质为核心，实施清淤、截污、河道综合整治，加强饮用水水源安全保障，狠抓工业重污染行业整治、农业面源污染治理和农村污水整治，全面落实河长制，开展全流域治水。防洪水，主要是推进强库、固堤、扩排等工程建设，强化流域统筹、疏堵并举，制服洪水之虎。排涝水，主要是打通断头河，开辟新河道，着力消除易淹易涝片区。保供水，主要是推进开源、引调、提升等工程，保障饮水之源，提升饮水质量。抓节水，主要是改装器具、减少漏损和污水再生利用，合理利用水资源，着力降低水耗。

2014 年初，浙江省正式成立“五水共治”领导小组，由省委书记、省长任双组长，6 位副省级领导任副组长，全面统筹协调治水工作。领导小组办公室抽调 40 多名骨干，集中办公，实体化运行。配套八大保障机制，做到规划能指导、项目能跟上、资金能配套、监理能到位、考核能引导、科技能支撑、规章能约束、指挥能统一。率先全面建立省市县乡村五级河长体系，省委、省政府主要负责同志担任全省总河长，所有河流水系分级分段设立市、县、乡、村级河长，落实河长包干责任制。还设置了省委省政府 30 个督查组，深入明察暗访，严格落实治水责任，层层传导压力、层层落实责任，真正做到守土有责、守土尽责。省人大、省政协每年围绕“五水共治”开展各类监督，助推工作落地。省级 31 个部门各司其职，密切协作。市县乡各级也全部建立工作机构，党政一把手靠前指挥，村、街道和企业、群众全方位联动，全省全面形成了横向到边、纵向到底的工作格局。

“五水共治”是一个综合系统工程，是一项长期的作战任务，有完整的战略设计和配套措施，有明确的时间表、路线图、作战图，在实践中强调步步为营、步步深入，环环相扣、一贯到底，做到积小胜为大胜，直至全胜。

①治水步骤

按照“三年（2014 ~ 2016年）要解决突出问题，明显见效；五年（2014 ~ 2018年）要基本解决问题，全面改观；七年（2014 ~ 2020年）要基本不出问题，实现质变，决不把污泥浊水带入全面小康”的“三五七”时间表要求和“五水共治、治污先行”路线图，从全省水质最差河流入手，率先在浦阳江打响水环境综合整治攻坚战，并迅速向全省铺开，有序推进，一个重点一个重点地突破，一个阶段一个阶段地深化。

②工作举措

重点实施治水三部曲。对应“三五七”的时间表，持续发力、梯次推进，实施了“清三河”、剿灭劣V类水、建设美丽河湖三个阶段的治水举措。

第一阶段：“清三河”。从解决感官上的突出问题入手，全力清理垃圾河、黑河、臭河，实现由“脏”到“净”的转变。既治理感官污染的“表”，更立足转型升级抓“治本”。

主要措施是：启动“两覆盖”“两转型”。所谓“两覆盖”，即实现城镇截污纳管基本覆盖，农村污水处理、生活垃圾集中处理基本覆盖。所谓“两转型”，即抓工业转型，加快铅蓄电池、电镀、制革、造纸、印染、化工等6大重污染高耗能行业的淘汰落后和整治提升；抓农业转型，坚持生态化、集约化方向，推进种植养殖业的集聚化、规模化经营和污物排放的集中化、无害化处理，控制农业面源污染。到2015年，完成1.1万公里“三河”清理，2016年继续巩固提升，强力推进河道清淤疏浚和截污纳管工程，进一步深化沿河100米水污染治理，基本消除“黑、臭、脏”的感官污染，实现“解决突出问题，明显见效”的既定目标。

第二阶段:“剿灭劣Ⅴ类水”。在“清三河”成果的基础上，全力打好剿灭劣Ⅴ类水攻坚战，实现由“净”到“清”的转变，着力提升群众的治水获得感。

主要措施是：对全省共58个县控以上劣Ⅴ类水质断面排查出的1.6万个劣Ⅴ类小微水体，实行挂图作战和销号管理。明确各级河长作为剿劣工作的第一责任人，特别是对存在劣Ⅴ类水质断面的河道，要求所在地的市县党政主要负责同志亲自担任河长，逐一制订五张清单：劣Ⅴ类水体、主要成因、治理项目、销号报结和提标深化等，并制订“一河一策”工作方案，明确时间表、责任书、项目库，并向社会公示。继续深化“两覆盖”“两转型”，实施六大工程：截污纳管、河道清淤、工业整治、农业农村面源治理、排污口整治、生态配水与修复等。经过一年攻坚，劣Ⅴ类水质断面全部完成销号，提前三年完成国家“水十条”下达的消劣任务，也提前实现了“三五七”时间表中第二阶段“基本解决问题，全面改观”的目标。

第三阶段：建设“美丽河湖”。在全面剿劣的基础上，立足从“清”到“美”的提升，2018年启动“美丽河湖”建设行动，并将其作为今后一个时期治水工作的纲领。目的是贯彻中央打好污染防治攻坚战以及碧水保卫战的部署，结合聚焦高质量建设美丽浙江、高标准打好污染防治攻坚战的要求，在不折不扣完成中央标志性战役基础上，做好浙江的自选动作，打出浙江的特色，进一步巩固提升治水成果。

主要措施是实施“两建设”，即“美丽河湖”和“污水零直排区”建设。实现“两提升”，即水环境质量巩固再提升、污水处理标准再提升。坚持“两发力”，一手抓污染减排，把污染物的排放总量减下来；一手抓扩容，抓生态系统的保护和修复，增强生态系统自净能力。加快“四整治”，即工业园区、生活污染源、农村面源整治以及水生态系统的保护和修复等。开展“五攻坚”，即中央17号文件部署的城市黑臭水体治理、长江经济带保护修复、水源地保护、农业农村污染治理、近岸海域污染防治等。全面实施“十大专项行动”，污水处理厂清洁排放、“污水零直排区”建设、农业农村环境治理提升、水环境质量提升、饮用水水源达标、近岸海域污染防治、防洪排涝、河湖生态修复、河长制标准化、全民节水护水行动。

在此过程中，不断加强生态政策供给，推动实施主要污染物排放总量财政收费制度、“两山”财政专项激励政策，探索绿色发展财政奖补机制，拓展生态补偿机制，实现省内全流域生态补偿、省级生态环保财力转移支付全覆盖。建立健全督查机制，省委省政府 30 个督查组全过程跟踪督导，省市县万名人大代表、政协委员协同。不断健全环境执法与司法联动，在全国率先实现公检法驻环保联络机构全覆盖，组织开展护水系列执法行动，始终保持执法高压态势。同时，完善考核机制，对 2 个设区市和 26 个县取消 GDP 考核，不再单纯以经济增速指标论英雄，充分体现生态优先、绿色发展理念。

6.5.3 治水成效

经过五年治水攻坚，成效比较显著。总体来看，“五水共治”纵深带动全省环境综合整治，全省生态环境面貌发生了显著改善，“绿水青山就是金山银山”理念不断深入人心、开花结果，也为浙江高标准打好污染防治攻坚战坚定了信心、探索了路径、夯实了基础、打开了局面。

一是水环境质量显著改善。2017 年，省控Ⅲ类以上断面比例达 82.4%，比 2013 年提升 18.6 个百分点；劣Ⅴ类断面全面销号。2018 年 1 ~ 8 月份，省控Ⅲ类以上断面比例达 82.4%，比 2017 年同期提高 1.4 个百分点；国控Ⅲ类以上断面比例达 92.2%，继续保持无劣Ⅴ类断面。五年来，共清理垃圾河 6500 公里、黑臭河 5100 公里；新增城镇污水处理能力近 300 万吨，建成城镇污水配套管网 1.6 万余公里；完成河湖库塘清淤 3.1 亿方；排查整治排污（水）口 30

余万个；全省农村生活污水有效治理村基本全覆盖，农村生活垃圾分类覆盖率已超过 40%。水体黑、臭等感官污染基本消除，昔日的垃圾河、黑臭河变成了景观河、风景带。

二是转型升级加速推进。治水的倒逼重塑了经济结构，在大破大立中推进“腾笼换鸟、凤凰涅槃”。2013 ~ 2017 年，浙江省 GDP 年均增速 7.8%，经济总量从 2013 年的 37757 亿元增至 2017 年的 51768 亿元，迈入增长中高速、发展中高端的轨道。五年来，共整治脏乱差、低小散企业 11.8 万家，淘汰落后产能企业 1.3 万家。关停搬迁养殖户 40 余万个，全省生猪存栏量从最高时的 1300 万头减少到 500 多万头，年存栏生猪 50 头以上规模化养殖场全面完成整治，实现污染物排放在线监控全覆盖。2017 年，全省规模以上装备制造业、高新技术产业、战略性新兴产业增加值分别增长 12.8%、11.2% 和 12.2%，均快于工业平均增速；全省高耗能产业增加值占规模以上工业比重从 2013 年的 37.2% 下降到 34.6%。目前，以新产业、新业态、新模式为特征的“三新”经济已占全省 GDP 的 1/5 以上，对 GDP 增长的贡献率达 2/5 以上，正向形态更高级、结构更合理、质量效益更好的方向转变。

三是群众获得感明显增强。全省大多数河流可以游泳，老百姓重新找回了儿时的记忆和乡愁。对生态环境的满意度从 2013 年的 57% 提高到 2017 年的 78.5%。尤其是 2015 年以来，全省公众对治水的支持度均达到 96% 以上，而涉水信访量比高峰时明显下降。各级领导干部、河长身先士卒、模范带头，群众参与治水的积极性高涨，干群关系因治水而变得更加紧密，涌现出了一大批治水先进和模范典型。

可以说，“五水共治”不但治出了环境改善、水清岸美的新成效，而且治出了转型升级、腾笼换鸟的新局面，标志着浙江进一步打通了“绿水青山就是金山银山”的转化通道。

6.6 太湖流域水环境综合整治

6.6.1 太湖水环境问题

太湖位于长江三角洲南缘，是中国第三大淡水湖，属于大型浅水湖泊，太湖水环境问题进入公众视野开始于2007年的大规模蓝藻爆发。实际上，太湖水环境问题由来以久。

一是太湖湖体水质持续恶化。太湖湖体水质平均每10年左右下降一个级别，20世纪60年代Ⅰ~Ⅱ类，20世纪80年代初Ⅱ~Ⅲ类，20世纪80年代末全面进入Ⅲ类，局部Ⅳ类和Ⅴ类，20世纪90年代中期平均已达Ⅳ类，1/3湖区为Ⅴ类，2005年太湖水质为劣Ⅴ类。太湖水环境演化以20世纪80年代为转折点。20世纪80年代以前，总氮变化较为显著，此后，总氮增长趋势趋缓，而COD及总磷却呈稳定增长的态势。

二是水污染治理严重滞后。经济高速发展的同时，入河（湖）污染物排放量快速增加。中科院南京地理与湖泊研究所监测及相关资料显示，湖体水质方面：总氮浓度，1960年仅为0. 23毫克/升，1980年为0.85毫克/升，而1987年已达1.43毫克/升，2005年湖区平均3.6毫克/升；总磷浓度，1981年为0.02毫克/升，1987年为0.046毫克/升，2005年湖区平均0.092毫克/升。河流水质方面：1983年流域内污染河道长度占40%，1996年升至86%；2005年太湖流域12个省界断面中，Ⅴ类和劣Ⅴ类占2/3；在28个环湖河流监测断面中，Ⅴ类和劣Ⅴ类超过2/5。

三是蓝藻湖泛暴发。蓝藻水华自20世纪70年代在无锡出现，20世纪80年代每年暴发2~3次，20世纪90年代中后期每年暴发4~5次，太湖西岸周铁镇，每到夏天，就能看到太湖边蓝藻成片堆积、死亡腐败的景象；2000年，湖心区出现严重蓝藻水华。1990 年 7 月，无锡梅梁湖湖区大面积蓝藻暴发，梅园水厂日减产 5 万吨，市区 116 家工厂被迫停产、减产。1994 年，梅梁湖地区首次出现“湖泛”，饮用水源地水体变味发臭，梅园水厂减量供水直至停产。最为关注的太湖蓝藻污染事件发生于 2007 年 5、6 月间，江苏太湖爆发严重蓝藻污染，造成无锡全城自来水污染。生活用水和饮用水严重短缺，超市、商店里的桶装水被抢购一空。该事件主要是由于水源地附近蓝藻大量堆积，厌氧分解过程中产生了大量的氨、硫醇、硫醚以及硫化氢等异味物质。

6.6.2 太湖流域水环境综合整治举措

2007 年“蓝藻危机”出现之后，太湖流域建立了八个方面行之有效的治太体系。

第一，制定实施了更严格的地方法规。2007 年，修订出台的《江苏省太湖水污染防治条例》，在全国率先提出最严格的环保法规标准、最难跨的产业准入门槛、最健全的监控体系和最昂贵的违法成本等要求，把产业结构调整、资源优化配置等理念以及行之有效的管理实践上升为法规条款。

第二，制定实施了更高的地方标准。针对太湖富营养化问题，2007 年就出台了《江苏省太湖流域污水处理厂和重点工业行业污水排放限值》（DB32/1072—2007），在全国率先提出了污水处理厂和六大重污染行业最严格的氮磷排放标准。2010 年前后，流域 169 座污水处理厂和六大重点行业的提标改造基本完成。

第三，制定实施了系统的太湖治理规划。2008 年起，国家和江苏省、市三级发改委分别牵头编制了两轮治太国家总体方案和省市实施方案。还先后组织制定了几十个涉及行业、区域、小流域等专项综合整治规划和方案。国家和省市治太方案以及各专项规划方案组成一套规划系统，有机整合了各地区、各行业治污需求，从规划源头扭转了环保等少数部门单打独斗的局面。例如，2016 年 12 月，江苏省委、省政府正式实施“两减六治三提升”专项行动（“两减”指减少煤炭消费总量和减少落后化工产能，“六治”是指治理太湖及长江流域水环境、生活垃圾、黑臭水体、畜禽养殖污染、挥发性有机物和环境隐患，“三提升”指提升生态保护水平、环境经济政策调控水平和环境执法监管水平），太湖治理是“六治”的首要任务。2017 年 1 月，省政府还发布了《江苏省“十三五”太湖水环境综合治理行动方案》。

第四，设立了专项的治太资金。规划的实施需要资金后盾，省财政每年安排 20 亿元的太湖治理专项引导资金，地方财政拿出 10% ~ 20% 的新增财力同步配套，重点支持治太总体方案和实施方案中所列的工程项目，以及省政府提出的年度治太重点任务。十年十期共支持了 6400 多个项目，省级专项引导资金安排了 180 多亿元，带动全社会投资超千亿元。

第五，建立了较为健全的组织机构。为克服九龙治水痼疾，江苏省实施了一套完善机构的组合拳。2008 年，江苏省重新调整了省太湖治理委员会，成员均由单位主要负责人担任，增强了组织领导地位；成立了应急防控领导小组负责指挥安全度夏等工作。另外，专门设立了治太专家委员会，为治太问诊把脉。2009 年正式组建江苏省太湖流域水污染防治委员会办公室，各市县也相继成立了太湖办，统一履行辖区内治太工作组织协调和综合监管职责。同时，委员会各省级成员单位也相继调整其职责，设置专门处室，配备联络员，负责落实具体治太工作。

第六，建立了周密的应急防控机制。制定了江苏省太湖蓝藻暴发和湖泛应急预案，从组织指挥体系、监测预警、应急响应、应急保障、监督管理、信息报送与处理等方面都做了详细的规定，每年应急防控领导小组都要在 4 月上旬启动部署各项应急度夏工作，保障了各项工作有序开展。

第七，实施了较为领先的环境经济政策。水危机后，太湖流域更加注重环境经济政策四两拨千斤的作用，先后实施了排污费差别化征收、污水处理收费领跑标准、排污权有偿分配和交易试点、水环境区域补偿、生态补偿、绿色保险、绿色信贷、环境质量达标奖励和污染物排放总量挂钩等一系列政策。

第八，建立了明晰的督政制度。水危机一个重要教训就是政府职能不清晰造成的“三个和尚没水吃”。自此，太湖治理更加注重从制度设计上厘清责任、严格追责，创建了河长制、目标责任制、考核、约谈、区域限批和质询等一系列制度。“河长制”使地方政府领导对环境质量负责有了具体落实途径，部分河道还设立了民间河长，开展监督。目标责任书其实就是一份治太责任清单，每年年底，省政府对照这份清单对治太涉及的五市和十个部门进行考核、通报。省环保厅对不能按期完成水质改善等目标的地方政府领导开展约谈，直至新建项目区域限批。省人大还启动了质询制度，对省政府及其部门履行治太相关职责进行监督。可以说太湖流域率先建立了一套督政制度。

6.6.3 太湖流域水环境综合整治成效

一是“两个确保”顺利实现。2007 年水危机发生以来，按照《总体方案》及其修编提出的保障饮用水安全工作要求，系统排查可能影响太湖水源地安全供水的各类隐患，加快建设引江济太、湖体淤泥清除、双水源供水、区域互联互通等工程项目，落实湖泛巡查预警、蓝藻水草打捞、水资源综合调度等工作措施，全面推行自来水深度处理，连续 11 年实现了国家提出的“确保饮用水安全，确保不发生大面积湖泛”的目标。

二是流域综合整治水平明显提高。累计关闭化工企业 4300 多家，关停印染、电镀、造纸等重污染企业 1000 余家。建成城镇污水处理厂 244 座，污水处理总能力达 848 万吨 / 日，新建污水管网 24500 千米。完成 5200 多个规划发展村庄生活污水治理，新建规模循环（有机）农业工程 308 处，建设面源氮磷流失生态拦截工程1200多万平方米，治理大中型规模畜禽养殖场3000处，关停搬迁5000家左右养殖场。全流域拆除围网养殖面积44万亩，实施湿地保护与恢复项目105个，自然湿地保护率48.1%，太湖流域建成了全国最大的环保模范城市群和生态城市群。

三是流域水质状况明显改善。根据《江苏省环境状况公报》，太湖湖体平均水质由2007年的Ⅴ类改善为Ⅳ类并保持稳定，总氮、总磷、COD、氨氮较2007年分别下降57.9%、29.6%、44.1%、90.3%；参考指标总氮为1.81毫克/升，连续2年消除劣Ⅴ类。综合营养状态指数由中度（62.3）改善为轻度（54.6）；江苏省15条主要入湖河流年平均水质全部达到Ⅳ类以上，流域65个国控断面水质达标率提高到78.47%。

经过十余年治理，太湖水质稳中有升，但藻型湖泊的本质尚未根本改变，水危机发生的可能性依然存在。相比社会经济高速变革发展的步伐，太湖治理创新仍然相对滞后，旧有难题尚未彻底解决，新的问题又不断呈现，面临不进则退的困境。当前太湖流域水治理站在了新的历史起点，新时期需要"以更高站位、更深层次、更远眼光"，谋划太湖流域水治理，实现由"任意人为干扰、损害破坏自然"，向"规范人类行为、保护恢复生态、人与自然和谐"的转变。

6.7 对雄安新区水安全治理的启示

6.7.1 以需水管理破解水资源瓶颈

在水资源相对丰沛的地区，为了满足经济社会发展对水资源保障的需求，往往通过增加供水的途径来实现，但在水资源紧约束地区，当全社会的总供用水量已经达到较高水平时，单一增加供给无法持续满足需求，必须要通过对全社会进行需水管理遏制总供用水量的增长。雄安新区属典型资源性缺水地区，区内水资源总量和地表径流量匮乏，必须要以提高水资源利用效率和效益为核心，坚持节水优先，通过法律法规、行政制度和经济手段，深入推进节水型社会建设，建立节能节水式经济发展模式，从源头上拧紧水资源需求管理的阀门。

6.7.2 以多元组合供水增强供水稳定性

南水北调中线将是支撑雄安新区社会经济发展的主要供水水源，一旦发生南北方同时干旱，供水量无法保证，就会造成严重的供水破坏。新区应借鉴新加坡经验，要综合考虑当地地表水、地下水、再生水以及南水北调中线水、引黄入冀补淀水、南水北调东线水等多种水源，构建水源多源互济、水量统筹配置的供水体系。鉴于雄安新区千年大计的战略定位，未来可考虑将雄安新区纳入南水北调东线工程后续规划供水范围，将海水淡化水作为水资源配置体系的重要部分，以有效降低供水安全风险。

6.7.3 以内外源综合治理改善白洋淀水环境

大中型浅水湖泊水环境容量有限，水动力扰动造成内源污染释放明显，外源与内源污染控制同样重要。白洋淀就属于典型大中型浅水湖泊。白洋淀可借鉴琵琶湖“源水保护、入水处理、湖水治理、生态恢复、立法管理、意识同步”的治理思路，在齐抓内外源治理的同时，构建多层次化组织机构、严格的标准和法规以及全民参与的管理体系。同时，琵琶湖的治理经验表明，大中型浅水湖泊的水环境改善绝非一日之功，必须要科学制定不同时期的治理目标，并长期坚持水环境综合管理治理工作。

6.7.4 以上下游协同治理保障流域水安全

水资源以流域为单元循环转换，用水则以区域为单元循环转换，因此必须将流域和区域相结合来保障水安全。流域作为以水为媒介，由自然要素和社会要素相关关联、相互作用而共同构成的复合系统，内部要素间存在着共生和因果关系，形成不可分割的有机整体，其中任一要素的变化将不可避免地对整个流域带来影响。新区所在的白洋淀流域以保定市为主，涉及北京市房山区、山西省大同市以及河北省石家庄和张家口等部分区域。保障新区水安全必须根据流域特点探索相适应的水资源、水环境管理体制，探索建立不同的跨部门、跨地区协调机制，协同开展节水、水环境治理，地下水压采和水源涵养保护等工作。

6.7.5 以改革创新、常态强治构建治水长效机制

浙江以改革创新为引领全面推行五级河长制，在全国率先颁布实施河长制地方法规，并创新多元投入、共享共治机制，强化舆论监督，从而形成全民治水的良好氛围。可以说，改革创新、常态强治为浙江实施“五水共治”提供了源源不竭的动力。新区水安全治理尤其是白洋淀环境治理亦是如此，同样必须依靠改革创新、常态强治，破除现有体制机制壁垒，以最严格制度最严密法治来保护生态环境，积极构建治水长效机制，有效提升生态环境治理能力。

7. 雄安新区水安全治理体系的综合研究与系统设计

7.1 新区水安全治理体系框架设计

7.1.1 基本原则

新区水安全治理体系的设计，至少需要遵循6个方面的基本原则，即兼顾继承性与创新性、统一性与差异性、独立性与系统性、主导性与参与性、公平性与高效性、有效性与经济性。

（1）继承性与创新性相结合

新区及其他地区在以往的治水中积累了一定的经验，产生了一些被证明有效的模式；同时考虑水本身的客观规律，需经过长期试验才能得出，短期不会有大的改变，且水治理方面的投资也具有累积性。因此，新区水治理体系设计不能割断历史。与此同时，随着经济社会发展，新区乃至全国水治理所面临的问题发生了较大变化，加之存在一些制约因素，都必须通过创新来解决。

（2）统一性与差异性相结合

新区面临着严峻的水安全问题，有些是共性问题，需在全国层面统筹推进解决。与此同时，新区所处流域上下游各地水情水势差异显著，经济社会发展水平和阶段各异，水治理体系的设计又必须因地制宜，在推进方案的设计上应充分体现差异化。

（3）独立性与系统性相结合

循环的水系统具有相对独立性、独特性，决定了水治理体系的相对独立性；同时，水与其他生态要素高度关联，山水林田湖草是一个生命共同体，而水是生态系统的重要基础组成部分，为此，水治理体系设计须充分考虑与生态文明建设及制度创新的关系，与经济体制改革的关系，甚至与其他领域改革创新的关系。同时，水治理体系也强调多项政策的系统发力。

（4）主导性与参与性相结合

现阶段，党和政府在水治理体系中担负主导角色，才能保证新区水治理体系的有序推进。同时，水治理关系社会的方方面面，仅仅依靠政府的力量难以有效实施，需要全社会广泛参与。

（5）公平性与高效性相结合

水是人类生存的基本条件，是民生的基本保障，必须注重公平性。由于水具有稀缺性，在保障新区基本需求的同时，还应寻找在整个水资源开发利用过程中产生最大效率的利用和配置方式。水治理体系设计需兼顾公平性与有效性。

（6）有效性与经济性相结合

在水治理体系设计的过程中，既要重视设计方案的有效性，即有助于提升新区水安全治理能力和治力水平，有效改善新区水安全态势；同时也应注重方案实施的经济性，即方案推行的成本要合理可行。

7.1.2 基本框架

结合治理体系的基本内涵，新区水治理体系应从治理领域、治理主体和治理手段等方面，进行系统设计。

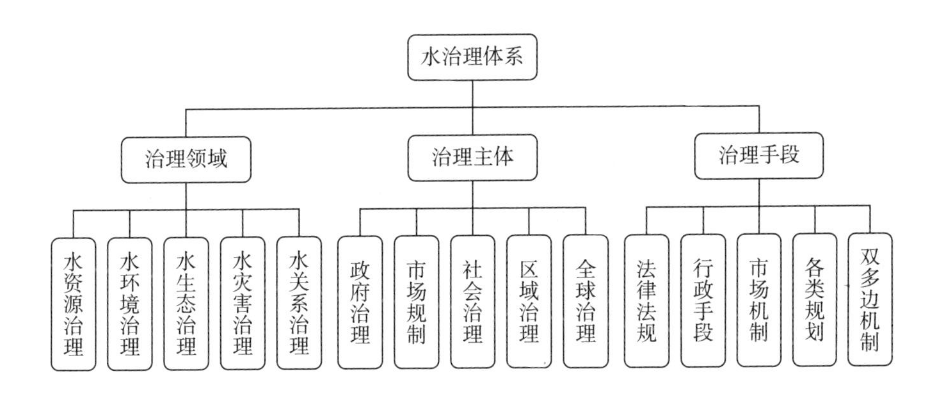

图 7.1 基于多视角的水治理体系总体框架示意图

（1）基于治理需求的框架设计

基于治理需求，水治理体系应由水资源治理、水环境治理、水生态治理、水灾害治理四部分组成（本书暂不涉及水关系治理问题）。

①水资源治理。主要从水资源的开发、利用、节约、保护着手，重点包括：

- 用水总量控制制度的完善与考核（包括初始水权的设定等）；
- 编制重点区域的水资源开发利用保护规划；
- 制定重点区域的地下水取用管理办法（特别是地下水超采区）；
- 水价形成机制的改革；
- 水资源费标准的调整与管理机制；
- 推进水资源费改税；
- 取水规范管理；
- 供水水质管理；
- 节水制度建设；
- 水权制度改革；
- 加强水资源与城市化工业化协调发展的体制机制建设等。

②水环境治理。应从污染物减排和环境修复两个方面着手，重点包括：

- 完善水环境监测网络体系；
- 制定污水排放的限制与监管标准及办法；
- 提升水污染治理的技术保障；
- 全面推进重点流域的水环境综合治理；
- 集中饮用水源地的环境综合治理；
- 推进城市黑臭水体综合整治；
- 排污费的标准调整与征收规范化管理；
- 污水处理企业的市场化改革；
- 水污染的第三方治理制度建设；
- 建立促进再生水利用的制度体系等。

③水生态治理。主要是有重点地加强水生态的保护与修复，实现并维持良

好的水生态状况。重点包括：

- 建立对水生态情况的监测体系（包括蓄水情况、水土保持情况、湖泊湿地修复、水生生物情况等指标）；
- 制定地下水超采区的生态保护与修复的制度；
- 饮用水水源地及重点水域和湿地保护的生态补偿机制；
- 加强水土保持方案编制及行政审批管理；
- 探索合理的水生态投资机制等。

④水灾害治理。主要是促进防洪工程的合理建设与良性运行。重点包括：

- 完善洪涝工程建设的管理制度与技术标准；
- 深化洪涝工程管理体制改革；
- 探索建立合理的工程投融资机制；
- 制定水利工程的安全管理办法；
- 不断修订洪涝工程管理考核办法等。

（2）基于治理主体的框架设计

水治理的主体应包括政府部门、市场主体、社会组织、区域合作组织等。从这个层面讲，水治理体系应包括政府治理、市场规制、社会治理（含非政府组织 NGO）、全球及区域治理（双边多边机制）体系。

（3）基于治理手段的框架设计

治理手段包括行政手段、法律手段、市场机制手段、综合规制手段、协商合作机制手段等多个方面。从这个层面讲，水治理体系包括：行政管理体制、法律法规体系、市场机制、综合规制、双边多边协商合作机制。

7.2 新区水安全治理工具设计与选择

7.2.1 治理工具箱设计

表 7.1 新区水安全治理工具箱

工具名称	工具内容	工具应用	工具特点
法律工具	法律方面，通过制定和修订相关法律，完善涉水法律法规政策。执法方面，做到依法行政，严格依法惩处各类违法行为，坚决禁止执法不严的情况，同时完善执法程序。法律监督方面，加强对法律实施中严重违反国家法律的监督，严防法律滥用的情况	用以建立管理与调节纳入规制轨道，依法调控，增强管理与调节的合法性和权威性，进一步增强约束力，加大执行规范性与力度。增强政策执行的连续性；为政策制定提供基础	具有极强权威性和普遍约束力；具有强制性，对于违法者，采取更为严厉的惩罚；具有规范性，是通用统一准则；具有稳定性，法律一经制定颁布，修改完善有严格的程序，不得随意修改
行政工具	包括限制指标、指令、规定等：通过设定最低或最高限制标准，对涉水行为进行限制（如水资源利用总量控制、污染物排放标准、用水效率标准、用水行业准入标准等）；涉水管理规定（如河长制、涉水监测管理体制、涉水管理考核办法、水工程管理体制、水工程安全管理办法等）	行政工具主要是通过强制性的行政命令、指示、指标、规定等调节和管理涉水事务。例如，通过设定严格的准入标准、规定管理办法等对涉水行为进行管理	强制性、约束性较强，一些政策能够短期内产生效果，但在一些方面缺乏效率、激励性不足、对一些领域发展形成制约等
市场工具	包括价格手段及交易机制等：自来水价格、水资源费、排污费、横向生态补偿标准、水权交易价格、水环境第三方治理收费标准、水工程建设融资的成本；水权交易、污染物交易、横向生态补偿机制等	用以体现资源的稀缺性和供求关系；使用者付费，节约取水、用水；差别化水价，提供优质水源；水源（地）补偿，保护水源；资源配置优化	灵活性，更能激发主体参与的活力，更能充分体现供需态势，有助于提高水资源配置效率
信息工具	水信息平台；水信息公开、透明与共享	用以提升水治理决策的民主化、科学化水平；提高水治理的社会参与度	传播快捷而普遍；公开、透明；手段与方式更新快；容易出现真假信息并存的情况

续表

工具名称	工具内容	工具应用	工具特点
技术工具	包括水资源开发利用技术、水污染治理技术、节水技术、水生态修复技术、水灾害防治技术等	提升水治理能力与水平的关键和基础	基础性—水治理创新的重要基础；创新性—技术创新；传播性—技术传播；累积性—技术累积与进步
社会等其他工具	包括协商机制、宣传、教育、道德等	利益相关者用以自行解决争端；增强公民涉水行为自律性	群众性—公众参与；协商性或妥协性—谈判与妥协

7.2.2 新区水治理工具的选择标准

（1）新区水资源保障程度。水资源保障程度是判别政策工具是否有效的基础性指标。衡量新区水资源保障程度须综合考虑水资源量、供水能力、保障水平、水质、用水效率、水资源管理能力等多方面的因素。

（2）新区水生态环境质量。新区水生态环境质量必须达到一定的标准，并且呈现持续改善，是判断政策工具是否有效的重要标准。主要包括：水生生物完整性、水域空间率、水土流失治理程度、水功能区水质达标率、河湖生态护岸比例、废污水达标处理率等。

（3）新区水灾害及其损失。减轻洪涝干旱等灾害带来的损失是新区水治理追求的重要目标。主要考察本地区所发生的洪涝干旱的数量及其带来的损失。

（4）新区水冲突事件发生。水冲突事件直接影响新区社会稳定，有效的水治理必须有效避免或妥善处理水冲突事件的发生。主要考察水冲突事件发生的数量、得到妥善调节处理的事件占总事件数量的比例。

（5）新区水资源资产价值。水资源不仅是资源，也是资产。水资源资产价值是水资源本身具有的价值的货币化体现，是对新区水资源这种自然资源的本身价值的评估，可结合新区自然资源资产负债表编制加以评估，主要考察新区水资源资产价值是否出现了增值或者贬值。

（6）新区公众涉水满意度。公众的满意度也是政策工具是否有效的重要标准。这一标准的判断主要通过抽样调查的方式确定对新区涉水状况感到满意的受访者比例。

（7）新区水治理综合成本。考察水治理的成本，应充分考虑其综合成本，除了经济成本以外，还应考虑政治成本、心理成本等其他一系列成本。

结合上述的判别标准，在判断工具是否是一个有效的水治理工具时，应着重考察此工具能否系统促进和实现新区水资源保障程度的提高；水生态环境质量的改善；水灾害及其损失降低；水冲突事件发生及影响减少；水资源资产价值增加；公众涉水满意度的提高；水治理综合成本下降等目标。

7.2.3 新区水治理工具的选择原则

在进行具体政策工具的选择过程中，为增强政策攻工具的有效性，应坚持如下原则。

（1）坚持问题导向。待解决的问题，是选择政策工具的目标所在，弄清楚所要解决的问题，围绕这一问题，设计选用政策工具，才能更加有效地遴选出针对性强的工具，提升政策的实施效果。新区水治理形势较为复杂，面临的问题较多，包括水资源、水环境、水生态、水灾害、水关系等多个方面，在选择使用哪种政策工具时，更加需要根据所要解决问题的需要，灵活选择有针对性的政策工具。

（2）坚持因时而异。根据时间和阶段的不同选择政策工具，也是增强政策实施效果的重要方面，这在新区水治理过程中尤为重要。一方面，新区水问题受时间的影响较大，同一个地区在不同时间面临的水情差异较大，因此新区水治理必须充分考虑所处的时间阶段，在政策工具的选择时，也应根据时间的不同选择适宜的工具。另一方面，新区水治理过程中面临的一些问题，随着时间的不断推进，或已经得到阶段性的解决，或演化出一些其他的问题，必须根据当时的发展阶段所面临的问题，相应灵活地调整政策工具。

（3）坚持因地制宜。除了时间阶段的不同，根据地区的不同情况，有差别地选择政策工具，同样有利于增强政策工具实施的效果。新区水治理工具的选择过程中，由于流域区域水情、发展程度有着较大的差别，实行“一刀切”的政策，会严重影响到政策实施的效果，因此，在政策工具的选择方面，要充分考虑到这些差别，必须根据不同区域的水情特点，结合经济发展现实，设计选用相应的政策工具。

（4）坚持整体协同。一方面水影响面比较广，新区水治理工具的设计选择，需要把水作为一个重要系统来考虑。另一方面，水治理需要实现的目标也较多，还必须要考虑政策目标与工具的整体效应。

7.3 新区水安全治理机制

新区的水安全保障必须建立健全持续、有效的治理体系。一般而言，水安全治理机制，就现阶段而言主要由组织领导机制、科学评估机制、规划引领机制、市场调节机制、技术支撑机制、工程保障机制、试验示范机制、社会参与机制、考核问责机制、区域协调机制等组成。

7.3.1 组织协调机制

水安全是新区安全重要组成部分，关系新区稳定和发展，关系新区人民生存和发展。水安全治理是一项系统工程、复杂过程。必须从新区治理的高度和要求，加强新区水安全的领导和组织协调，加快推进涉水体制改革，推进涉水事务管理一体化。

7.3.2 科学评估机制

对包括水资源安全、水环境安全、水生态安全、水灾防安全等在内的水安全态势进行科学评估（定性与定量相结合），是发现水安全问题及其原因的基础。为此，需要建立健全新区所处流域和区域层次的水资源水环境承载能力评估与预警机制，加强战略、规划和项目层面的水资源水环境及水生态效应评估与论证，努力实现以水定人、以水定城、以水定地、以水定产。

7.3.3 规划引领机制

全面落实《全国重要江河湖泊水功能区划》，严格按流域规划和水功能区划，确定水安全治理的方向、目标、重点和措施。同时，抓紧研究制定新区所在流域和区域的水安全治理专项规划，重点明确水安全治理的目标、原则、方向、重点领域和重点措施等。

7.3.4 市场调节机制

改革和健全水价形成机制，使水价逐步接近水资源的真实稀缺程度，因地制宜地实行阶梯水价等差别化水价制度。改革和规范水资源费制度，积极稳妥和差别化地提高水资源费标准，并探索实行水资源税制度。改革和完善污水排放收费制度，减少污水排放，实现污水处理良性发展，提高水资源循环利用水平。改革和健全水源保护补偿制度，健全对饮用水源地和重点湿地、库区的财政支持机制，切实提高水资源和水生态的保护水平。

7.3.5 技术支撑机制

加强水资源、水环境、水生态、水灾害等方面的科学技术创新、引进、集成、推广、应用。研制、发布新区水安全先进适用技术指南或技术规程。加强新区所在流域和区域层面的水安全及其治理的科学技术咨询，例如成立流域及地区水安全（治理）科学指导委员会等。

7.3.6 工程保障机制

加强水（利）工程建设是提升水安全治理（驾驭）能力的集中表现和重要体现。为此，需要科学建设和高效运行水（利）工程，包括水资源开发利用和调配工程、水环境保护治理工程、水生态修复工程、集中供水工程等。工程建设和运行，可以采取分级负责的机制，分级建设和运行新区内国家重点工程、省级重点工程、市县重点工程。优化工程的空间布局和时间序列，减少工程分布过密或过疏、工程间不配套、建设时序颠倒等不合理现象。建立重大水（利）工程安全预警体系，全面提升工程安全保障能力。

7.3.7 试验示范机制

根据流域水资源、水环境和水生态情况，以及区域社会经济发展态势，选择新区辖内具有代表性、水治理能力与基础较好的典型地区，开展水安全治理体系建设试点，探索水安全治理的管理体制、激励机制、典型模式。根据水安全治理的需要，通过增加节水保水、水生态补偿、水价和水资源费改革、水务管理体制改革等内容，深入开展水安全治理体系建设试点工作。

7.3.8 社会参与机制

加强水资源、水环境、水生态、水灾害的国情、省情、市情、县情宣传教育，加强水安全常识、技能宣传和普及。建立全社会参与水安全体系建设的信息传播、诉求表达、实时监督、自我约束的社会氛围和长效机制。重点在党政机关、学校、社会团体、重点社区和大型企业等，开展节水安全宣传教育活动。充分发挥“农民用水者协会”等非政府组织在水安全治理中的积极作用。

7.3.9 考核问责机制

适应干部考核制度改革的趋势和要求，加大对资源环境工作的考核力度和比重。重点考核各级党委政府及主要领导干部的水安全治理履职情况。建立健全水安全治理问责机制——干部任期内水安全事件问责、干部离任水安全责任审计、干部离任后长期责任追究。

7.3.10 区域协调机制

积极适应跨区域资源环境治理的趋势，树立负责任的形象，积极有效地参与新区所在区域的水治理。积极推进区域水治理协调机制的建立和完善，重点建立健全双边水治理协调机制。适时发起成立双边和多边的跨区域河流治理机构。

8. 雄安新区水安全治理的对策建议

8.1 总体要求

8.1.1 指导思想

以习近平生态文明思想以及水安全治理相关理论为指导，全面贯彻落实党的十九大精神，按照中央关于设立雄安新区的决策部署，以五大发展理念为引领，坚持世界眼光、国际标准、中国特色、高点站位，以全面节水为前提，构建多水源供水安全保障格局；以白洋淀生态修复保护为核心，构建山水林田湖草系统保护的生态安全屏障；以起步区防洪排涝为重点，构建高标准防洪安全保障体系；以创新现代水治理体制机制为重点，构建现代智能水管理体系，切实增强水安全保障能力，为雄安新区千年大计提供有力支撑和保障。

专栏三　习近平生态文明思想

习近平总书记传承中华民族传统文化、顺应时代潮流和人民意愿，站在坚持和发展中国特色社会主义、实现中华民族伟大复兴中国梦的战略高度，深刻回答了为什么建设生态文明、建设什么样的生态文明、怎样建设生态文明等重大理论和实践问题，系统形成了习近平生态文明思想，有力指导生态文明建设和生态环境保护取得历史性成就、发生历史性变革。

坚持生态兴则文明兴。建设生态文明是关系中华民族永续发展的根本大计，功在当代、利在千秋，关系人民福祉，关乎民族未来。

坚持人与自然和谐共生。保护自然就是保护人类，建设生态文明就是造福人类。必须尊重自然、顺应自然、保护自然，像保护眼睛一样保护生态环境，像对待生命一样对待生态环境，推动形成人与自然和谐发展现代化建设新格局，还自然以宁静、和谐、美丽。

坚持绿水青山就是金山银山。绿水青山既是自然财富、生态财富，又是社会财富、经济财富。保护生态环境就是保护生产力，改善生态环境就是发展生产力。必须坚持和贯彻绿色发展理念，平衡和处理好发展与保护的关系，推动形成绿色发展方式和生活方式，坚定不移走生产发展、生活富裕、生态良好的文明发展道路。

坚持良好生态环境是最普惠的民生福祉。生态文明建设同每个人息息相关。环境就是民生，青山就是美丽，蓝天也是幸福。必须坚持以人民为中心，重点解决损害群众健康的突出环境问题，提供更多优质生态产品。

坚持山水林田湖草是生命共同体。生态环境是统一的有机整体。必须按照系统工程的思路，构建生态环境治理体系，着力扩大环境容量和生态空间，全方位、全地域、全过程开展生态环境保护。

坚持用最严格制度最严密法治保护生态环境。保护生态环境必须依靠制度、依靠法治。必须构建产权清晰、多元参与、激励约束并重、系统完整的生态文明制度体系，让制度成为刚性约束和不可触碰的高压线。

坚持建设美丽中国全民行动。美丽中国是人民群众共同参与共同建设共同享有的事业。必须加强生态文明宣传教育，牢固树立生态文明价值观念和行为准则，把建设美丽中国化为全民自觉行动。

坚持共谋全球生态文明建设。生态文明建设是构建人类命运共同体的重要内容。必须同舟共济、共同努力，构筑尊崇自然、绿色发展的生态体系，推动全球生态环境治理，建设清洁美丽世界。

习近平生态文明思想为推进美丽中国建设、实现人与自然和谐共生的现代化提供了方向指引和根本遵循，必须用以武装头脑、指导实践、推动工作。要教育广大干部增强“四个意识”，树立正确政绩观，把生态文明建设重大部署和重要任务落到实处，让良好生态环境成为人民幸福生活的增长点、成为经济社会持续健康发展的支撑点、成为展现我国良好形象的发力点。（摘自《中共中央国务院关于全面加强生态环境保护坚决打好污染防治攻坚战的意见》，2018 年 6 月 16 日）

8.1.2 总体目标

按照推进生态文明建设、京津冀协同发展和新区规划建设的总体要求，到 2035 年，流域防洪排涝减灾体系基本完善，新区达到规划的防洪标准；水资源配置格局进一步优化，新区供水安全得到有力保障；白洋淀及周边水生态环境显著改善，水生态功能明显增强；协调高效的水管理体制机制基本建立，形成“高效节水、多源供水、生态优良、智能调配、洪涝可控、水城共融”的现代化水安全保障格局，新区水安全得到有力保障。

围绕水治理体系构建的关键任务，构建新区水治理体系的路线图：

（1）制定治理方案。方案至少包括：各个阶段所要实现的目标；水治理相关的重要基础性制度建设及其实施重点；水治理制度体系基本架构。

（2）明确治理责任。明确责任单位及责任清单。结合涉水部门职能，改革或确定现有所涉部门，同时，确定水治理推进的部门间的协调机制。另外，确定各部门的责任清单，要求各部门根据清单制定推进方案。

（3）鼓励试点探索。根据需要，积极开展相关专项推进试点，同时结合以前一些相关的试点，根据国家的要求，制定各自的推进方案。

（4）加强考核指导。明确国家层面的目标考核指标体系，鼓励结合实际，制定更为严格的考核标准。

（5）进行评估校正。加强督促落实，实施政策效果评估。

（6）改进完善政策。根据政策实施效果，不断完善相关政策。

图 8.1　雄安新区水治理体系推进路线图

根据水治理路线图的需要，结合生态文明体制改革的推进以及新区实际，对新区水治理体系构建的推进时间表做出全面部署：

——2020 年之前，编制新区水治理体系的总体方案，加强制度建设，水治理的制度架构基本成型；新区涉水管理体制改革取得阶段性成果，相互之间的关系进一步理顺；一些政策试点陆续展开；新区水资源水环境水生态等情况得到初步改善，水治理效果开始显现。

——2035 年，水治理制度体系建设更加完整，构建起符合新区功能定位的水务一体化管理机制、水价机制、生态保护补偿机制等，新区与流域、区域水事关系和谐，水治理能力明显增强；新区水资源水环境水生态水灾害等情况得到明显改善，水治理效果得到明显体现。

8.1.3 基本原则

雄安新区既有国家主导、依托京津、交通便利、没有历史负担而便于全新规划等优越条件，同时也面临着水资源缺乏、水环境污染、水生态受损、洪涝灾害易发等不利因素，针对目前雄安新区并不乐观的水安全形势，需要在规划建设中以新理念和新方法为指导，加强水安全治理，因地制宜早做安排、防范风险，以充分体现“千年大计、国家大事”，确保新区建设“不留历史遗憾”。

（1）以规划为遵循，生态优先、统筹推进

新区的水安全治理，尤其是白洋淀的生态保护与修复，是一项长期的历史性任务，也是一项复杂的系统工程，规划则是实施这项系统工程的“第一道工序”。必须坚持以《规划纲要》为统领，强化规划体系建设，密切衔接新区所处区域、白洋淀所处流域的相关规划，抓紧完善出台新区水安全治理以及白洋淀生态环境治理和保护规划，并优先安排，确保其与雄安新区建设统筹推进。同时，规划应高点定位、留足余量。适应流域水资源条件，水资源利用效率、供水安全保障程度、防洪安全保障程度要按照高标准、高水平要求；水生态保护修复要蓝绿交织、水城共融。

（2）以工程为基础，多源互补，稳定供给

工程项目是一项牵一发而动全身的重要工作，是推动雄安新区水安全治理的重要载体和抓手。坚持以工程项目为基础，加快恢复白沟引河、萍河、瀑河、曹河、府河、唐河、孝义河、潴龙河等八条入淀河流水系的“自然动脉”功能，打通南水北调中线工程、南水北调东线工程等重大调配工程向新区供水通道，发挥王快、西大洋等上游水库调蓄功能，保障赵王新河、大清河等出淀河流通畅，进而形成流域上下游和区域内外互连互通、联动联调、高效稳定的水资源安全保障网。

（3）以治淀为核心，标本兼治、协同治理

作为生态环境的主要控制性因素，白洋淀的水资源、水生态、水环境是雄安新区湿地、农田、森林、生物多样性等其他生态要素的基础。雄安新区属海河流域大清河水系。境内主要淀泊是白洋淀，主要河流有大清河、白沟引河、古洋河、任文干渠、小白河等众多河流，西部山区大清河流域河流多汇入白洋淀，并经赵王河、赵王新河出境进入天津。境内有多处古河道，东南部有大片低洼地。受洪水冲积影响，形成了三条缓岗格状隆起，同时形成了大小不等的10个低洼区。地处大清河水系下游白洋淀流域的雄安新区，水本应是新城建设的优势资源要素，但鉴于目前白洋淀严峻的生态环境形势，水成为了新区资源和生态环境支撑的短板因子。为此，新区水安全治理必须紧紧牵住白洋淀这个牛鼻子。要坚持以治淀为核心，以国家大力推进山水林田湖草生态保护修复为契机，突出主要问题解决和主导功能提升，协同推进自然生态各要素整体保护、综合治理、系统修复。要系统治理，整体提升。重点加强城区、淀区、河流、湖泊、农田、绿廊多要素系统治理，整体提升流域区域水安全保障能力。同时，水污染问题的解决，表现在河淀，根子在陆上，必须坚持水域陆域和淀内淀外协同，标本兼治、系统治理，切忌“边污染边治理”。

（4）以流域为单元，系统施治、齐抓共管

白洋淀流域生态问题不是孤立的、突发的，而是伴随着整个华北平原生态退化长时间累积而成的。必须基于全流域生态改善、甚至着眼华北平原生态环境全局的角度，统筹供水保障、水生态环境保护、防洪排涝，治理和修复白洋淀流域。要以流域为单元，坚持内外结合、量质并重、水陆域统筹、上下游联动，综合运用结构优化、污染治理、污染减排、达标排放、生态保护、生态修复等多种手段，系统治理修复白洋淀流域。同时，生态用水保障也要流域一盘棋，通过深度节水，强化地下水超采治理，科学配置流域自身水资源和外调水，才能实现河淀“能存水、可流动”。

（5）以尊重自然为原则，分步实施、分类施策

雄安新区位于太行山东麓、冀中平原中部、南拒马河下游，地形平坦，适宜机耕。受大清河、拒马河的决口冲积影响，西部和北部为砂质土壤，中部为壤土，东部为重壤土。雄安新区地处白洋淀周边，地下水位较高，形成了低洼易涝、盐碱地多的特点。解决白洋淀流域生态问题既要找准切入点，解决紧迫问题，还要尊重白洋淀生态系统的结构和差异化特性及其内在自然规律，坚持人与自然和谐共生，给生态系统休养生息的时间。要充分认识白洋淀生态修复与保护任务的长期性与艰巨性，立足当前、着眼长远，根据需要与可能，“因河制宜、因地制宜”逐步推进白洋淀生态环境治理。按照这个思路，近期应以解决水环境治理和白洋淀生态用水保障问题为重点，远期要解决整个流域的地下水超采问题，通过逐步恢复地下水位，建立区域良性水循环，借自然之力从根本上解决白洋淀和新区生态问题。

（6）以改革创新为动力，法制保障、长效管理

新区水安全治理尤其是白洋淀生态保护修复工作时间紧、任务重、难度大，对治理能力提出很高要求，必须坚持依靠改革创新，破除现有体制机制壁垒，有效提升生态环境治理能力。必须坚持用最严格制度最严密法治保护生态环境，加快制度创新，深入探索利于白洋淀生态系统保护修复的生态文明制度体系，并强化制度执行，让制度成为刚性约束和不可触碰的高压线。同时，必须加强党的领导，在合理划分各级政府事权和支出责任基础上，落实“党政同

责”“一岗双责”，动员全社会积极参与，推动政府履职尽责、社会共治；充分发挥市场机制引导作用，激励与约束并举，进而形成长效机制，实现源头严防、过程严管、后果严惩。

8.2 重点领域与关键举措

坚持资源安全观，走具有雄安特色的水资源保障、水环境治理、水生态修复、水灾害防治、水智慧管理“五位一体”的水安全治理之路。

8.2.1 调水与节水并重，构建供给可靠、利用高效的水资源保障体系

在水资源供给端，用好外调水，用足再生水，用活地下水，形成多源互补的水资源综合保障体系。一要坚持空间均衡、全区域配置的原则，统筹配置当地地表水、地下水、非常规水以及引黄入冀补淀水、南水北调中线和东线水等多种水源。二要在综合考虑其他区域经济社会合理用水和生态环境基本用水的基础上，统筹调整新区用水总量控制指标和南水北调水量分配指标。三要考虑未来将雄安新区纳入南水北调东线工程后续规划供水范围，有力保障新区长远水资源安全。第四，还要立足生态修复，划定新区和淀区生态保护红线，秉承系统治理原则，林水一体推进，广泛开展造林绿化行动，注重总结完善新区“千年秀林”的做法，改善植被条件，逐步涵养扩大内生水源。需要指出的是，在确定生态修复目标时要充分考虑当地的自然条件，尤其是森林植被营造时，必须要考虑当地降雨量选择适当的植被建设规模，量

水而行，乔灌草相互结合，人工营造和自然封育相结合，借助自然之力恢复森林植被。

在水资源需求端，以提高水资源利用效率和效益为核心，坚持节水优先，深入推进节水型社会建设，建立节能节水式经济发展模式，从源头上拧紧水资源需求管理的阀门。一是设置用水效率准入门槛，控制水资源需求增量。主要包括合理布局产业结构与规模，严格用水效率准入门槛，大力推广绿色建筑，全面普及节水器具等措施。二是大力加强各行业节水，压缩水资源需求存量。在农业方面，大幅压缩农业种植面积，调整现有冬小麦—夏玉米复种的高耗水种植结构，全面推行高效节水灌溉，实施农业灌溉用水智能计量管理；在工业方面，加快淘汰与新区定位不符的高耗水高污染企业，提升改造存留产业的节水工艺技术。

专栏四　　水源工程布局

在水源工程布局方面，新区生活生产和生态环境用水主要通过完善现有供水格局解决。以南水北调中线一期、引黄入冀补淀为骨干水源，以保沧干渠、雄安干渠、天津干渠为骨干输水通道，构建“两纵三横”的水资源配置工程格局。研究利用上游王快、西大洋水库作为主要调蓄水库。

未来，城市生活用水和工业用水将主要依靠南水北调中优质水源保障，城市生态环境用水主要依靠再生水、当地地表水和雨水保障，农业用水主要依靠地下水保障，白洋淀生态用水则主要依靠引黄入冀补淀水、上游水库水予以保障。

其中，南水北调中线先期利用天津干渠供水，并启动雄安干渠供水工程建设，以满足新区远期需求。此外，鉴于雄安新区千年大计的战略定位，未来可考虑将雄安新区纳入南水北调东线工程后续规划供水范围，这有利于保障新区长远水资源安全。

8.2.2 减排与治污并重，建立涵盖源头减污—处理回用—末端治理全过程的水环境治理体系

在源头减污环节，严格产业准入管制，严把高耗水、高污染项目准入关，高起点布局高端高新产业，从源头上构筑起高耗水、高污染项目“绿色屏障”。一是新区及周边和上游地区协同制定产业政策，实行负面清单制度，明确空间准入和环境准入的清单式管理要求，落实规划和环评的刚性约束，推进绿色发展示范引领；同时，注重运用互联网、大数据、人工智能等新技术，提升传统产业的清洁生产和资源综合利用水平。二是划定白洋淀淀区、淀边缓冲区、生态保障区、生态屏障区、水源涵养区等各类功能区，实施差异化的分区治理管控策略。三是提出白洋淀流域沿线限制开发和禁止开发的岸线、河段、区域、产业以及相关管理措施，不符合要求占用岸线、河段、土地和布局的产业，必须无条件退出。严控在中上游沿岸地区布局新建重化工项目。

在处理回用环节，突破现有技术标准，探索与新城功能定位和流域水资源条件相适应的新高标准。一是以流域河流、淀区水环境容量和水质保护为目标要求，创新建立排放水质与地表水体环境质量对接、污染物近零排放等新技术标准，建立区域污染物排放限值标准体系，研究出台《大清河水系水污染排放标准》，实施入淀河流水质目标管理，从更大流域范围和体系减少水污染物的排放。二是摒弃通常达标即可排放的做法，重新确定新区的排污标准。要按照纳污能力确定排放总量，再结合区域人口和产业规模进行倒算，确定新区更高的排污标准，以确保实现新区生态环境保护修复目标。建议制定和落实规划时，参照美国迈阿密等国际先进湿地保护经验，在白洋淀周边建设缓冲区，根据排放物具体种类和分解要求，进行植物选择性种植，实现处理达标后的污水

在缓冲区再次进行有针对性高效吸收分解，之后再排入天然淀区湿地。三是推进流域内污水处理厂提标改造、工业污染源治理，强化城镇、淀边村污水管网建设和污水处理设施建设，实现污水集中处理，有效治理农业面源污染、治理和控制内源污染，确保生产生活污水不入淀。

在末端治理环节，排查白洋淀流域工业点源污染、农田面源污染、生活污染来源，率先进行重点地区治理。一是以府河、孝义河、白沟引河为重点，清查入淀河流污染排放现状，按序推进河道疏浚、污水库和污水塘治理及清水生态廊道建设。二是按底泥污染程度和分布，推进重点地区清淤工作，结合新区植树绿化、道路建设，加强底泥资源化利用。清淤工程还要兼顾生态环境保护与水动力联通与扩容。

8.2.3 生态与活水并重，打造以良好水生态系统为基石的新区生态景观格局

合理布局白洋淀生态空间。一是规划建设河口湿地、浅滩湿地、生态堤岸、湖滨缓冲带、生态岛屿、鸟类栖息地等景观类型，增强区域污染防护、自净能力，打造健康优美的湿地生态。二是按照“生态先行、动静分区、人景交融”的设计理念，秉承自然格局不变的原则，通过静态保育区和动态活动区的分区布置，将生态景观和人文景观有机融合起来，形成人与自然和谐相处的生态文化淀区。

连通水系，加大水体流动与更新。一是根据白洋淀流域现状，加强湿地、河流等有机联系，形成以白洋淀为芯，众多河流水系为生态廊道的生态网络体系，以白洋淀的系统治理带动整个流域生态功能的修复。二是开展上游安各庄、西大洋、王快、龙门等水库的联合调度，逐步恢复白沟引河、萍河、瀑河、曹河、府河、唐河、孝义河、潴龙河等八条入淀河流水系廊道功能，串联

兰沟洼、白洋淀和文安洼三大湿地系统，保障赵王新河、大清河通畅，形成流域上下游和区域内外互连互通、联动联调、丰枯互补、管理高效的水生态修复网。

加强白洋淀生态用水保障。一是建立融合上游水库调水、引黄入冀补淀、南水北调等多途径、常态化生态补水机制，保障下游河道枯水期生态基流和白洋淀生态用水需求。二是优化流域用水结构，发展节水农业和低耗水产业，提高水资源利用效率，缓解径流量下降和地下水渗漏，增加天然入淀水量，恢复白洋淀水—生态—环境系统内循环。

8.2.4 城镇布局与防洪排涝并重，完善以河道堤防为基础、大型水库为骨干、蓄滞洪区为依托的防洪排涝工程体系

合理安排新区城镇布局，科学规划防洪排涝、构建完善的防洪排涝工程体系。在建设雄安新区防洪体系时，首先考虑流域防洪体系构建，一方面要全面加固白洋淀周边围堤，达到规划确定的防洪标准，建设分洪口门，实施入淀河流河口清淤，扩大枣林庄枢纽下泄规模；另一方面，要结合淀区生态修复，在淀南、淀西建设缓洪滞洪区，留出蓄滞洪空间。同时，必须严格控制淀区人口规模，特别是新区组团和特色小镇防洪标准较高，选址要避开洪水风险较高的区域，尽可能布局在蓄滞洪区以外。充分考虑洪涝规律和上下游、左右岸的关系以及国民经济对防洪的要求，科学进行防洪规划。注重防洪规划与其他各规划之间的协调性。加强防洪排涝工程设施建设及运行维护管理，保障防洪排涝工程正常发挥作用。

未雨绸缪，提早启动新区及流域防洪工程建设。大清河流域一旦发生大洪水，对新区防洪安全威胁巨大，应引起高度重视。为此，应从全流域综合考虑新区防洪安全，统筹上下游洪水安排，按照“上蓄、中疏、下排、适当地滞”

的防洪方针，完善以河道堤防为基础、大型水库为骨干、蓄滞洪区为依托的防洪工程体系，突出重点、分区设防，合理协调蓄滞泄关系，保障新区及下游地区防洪安全。具体而言，白洋淀是流域重要蓄滞洪区，承担保障新区和下游天津市防洪安全的重要任务。根据新总体规划对防洪的要求，摸清流域和区域水资源、水生态环境状况，对保障新区防洪安全、供水安全和水生态安全进行总体考虑。抓紧研究论证流域及新区防洪排涝方案，启动防洪工程建设，对看得准、有必要的堤防开展加固、蓄滞洪区建设。充分发挥白洋淀蓄滞洪区功能和作用，确保新区和流域防洪安全。

建立洪水风险管理制度和保险制度。通过分析新区洪水风险特性与演变趋势，将工程与非工程措施结合起来，以法律、经济、科教等非工程措施推动全局和长远的洪涝安全工程措施建设，形成与洪水共存的治水方针。加强土地利用管理、继续完善防洪排涝工程体系、强化洪涝灾害应急管理，建立空、天、地一体化的灾害监测体系，扩大监测信息种类，完善监测内容，提高信息获取水平。加强洪涝灾害预报信息系统的建设，提高预报的精度以及时效。加强基层防汛机构和能力建设，提高基层防汛部门的防洪应急能力。建立洪涝保险制度并完善现有相关险种等措施，健全洪涝风险管理制度。

专栏五　　新区洪水防御措施与出路安排

洪水防御措施。从防御南支洪水来看，充分利用上游大中型水库调蓄洪水，加高加固新安北堤等堤防，发挥白洋淀及南部、西部生态滞洪湿地调蓄洪水作用；扩大白洋淀向下游泄洪能力；实施文安洼等蓄滞洪区安全建设，构建新区南部防洪屏障。从防御北支洪水来看，需要加高加固南拒马河右堤、白沟引河右堤等堤防，扩建新盖房分洪道，加强兰沟洼蓄滞洪区建设，构建新区北部防洪屏障。新区建设初期，逐年制定安全度汛方案，抓紧实施应急度汛工程，确保现阶段新区安全度汛。

洪水出路安排。南支：南支各河洪水经白洋淀滞洪后，由赵王新河入东淀。白洋淀汛限水位为 6.8 米，超过汛限水位时，枣林庄枢纽泄洪；水位超过 9.0 米，依次向淀南新堤、四门堤、障水埝分洪；水位超过 10.08 米，利用小关口门分洪。北支：南拒马河和白沟河洪水在白沟站汇合，经新盖房分洪道泄洪入东淀；当南拒马河、白沟河流量超过泄流能力或白沟站流量超过新盖房分洪道泄流能力时，向兰沟洼控制分洪。超过 50 年一遇洪水，破白沟河左、右堤向清北地区分洪。下游：南北支洪水汇入东淀后，由独流减河和海河干流分泄入海，尾闾总泄量 4000 立方米 / 秒。文安洼和贾口洼蓄滞洪区启用标准大于 20 年一遇。

8.2.5 制度创新与能力建设并重，建立健全生态保护与修复的内生动力机制

加快体制机制改革创新步伐，营造有利于生态优先、绿色发展的政策环境，推动区域协同联动，全面提升白洋淀流域生态环境协同保护水平。一是研究出台白洋淀流域管理条例或生态环境保护条例甚至新区水安全治理条例，明确流域机构与地方政府责权利，强化生态环境执法监督与问责，形成白洋淀流域水资源保障、水环境治理、生态修复、水灾害防治、区域流域联防联控、生态修复、生态补偿等方面的长效制度安排。二是在有效衔接环保机构省以下垂直管理改革、“河长制”、按流域设置环境监管和行政执法机构与相关问责机制等基础上，探索设立统一的白洋淀流域管理机构，统筹加强区域水资源保护、水污染治理、水生态修复、水灾害防治等方面的协调和履职能力，同时加快建立区域流域联防联控机制，强化整体性、专业性、协调性区域合作。三是深化各级河长制，构建白洋淀生态环境评价考核指标体系，建立流域上下游、区域间水资源、水生态、水环境责任机制、考核机制

和问责机制，对跨区的断面水量、水质进行严格的监测、考核和问责。四是通过财政转移支付、项目投入、设立生态补偿基金以及推动区域内横向补偿等方式，加快建立江河源头区、集中式饮用水水源地、地下水超采综合治理、水土流失重点预防区和重点治理区、重要蓄滞洪区、淀区生态治理与修复、跨界断面水质目标考核等流域生态补偿机制，探索建立市场化的湿地补偿银行制度，对维护流域和白洋淀生态良好而作出牺牲的区域进行补偿，激发这些地区投入生态建设和保护的积极性。五是建立水价良性形成机制，根据分水源供水（当地水、外调水，地表水、地下水）、分类用水（城镇居民用水与非居民用水、农业用水）、分质供水（新鲜水、再生水、中水），按照补偿成本、合理盈利，科学核定水价格体系，促进水资源合理开发利用，提高用水效率，遏制地下水超采，修复水生态。六是探索建立多元化、市场化的投融资机制。加大中央专项资金对白洋淀环境治理和生态保护重大项目的支持，加大国家对地方政府债权、预算类投资资金的支持。鼓励流域内各级政府共同出资建立白洋淀流域生态环境治理基金，发挥政府资金撬动作用，吸引社会资本投入，实现市场化运作、滚动增值；采取债权和股权相结合的方式，重点支持环境污染治理、退田还湿、疏浚清淤、水域和植被恢复、湿地建设和保护、水土流失治理等项目融资，降低融资成本与融资难度。要加大地方各级政府资金投入，创新投融资机制，鼓励、引导和吸引社会资金以 PPP 模式、特许经营、土地综合开发、生态旅游开发等多种形式参与白洋淀流域生态环境保护与修复。健全绿色金融体系，鼓励发展绿色债券等金融产品和服务，推行污染强制责任保险等绿色金融制度，全面实行生态环境损害赔偿制度。

建立以流域为基础，以信息化为特征，以多元共治为目标的现代化生态环境治理体系。一是建设全流域统一的生态环境监测网络和预警系统。统一布局、规划建设覆盖环境质量、重点污染源、生态状况的生态环境监测网络。建立白洋淀流域入河排污口监控系统。建立白洋淀流域水质、水量、灾害监测预警系统，开展资源环境承载能力监测预警和评估，对用水总量、污染物排放超过或接近承载能力的地区，实行预警提醒和限制性措施。强化突发环境事件预防应对，严格管控环境风险。加强水体放射性和有毒有机污染物监测预警，提高水生生物、陆生生物监测能力。二是建立统一、规范和共享的水信息平台。整合现有白洋淀涉水数据信息资源；统一数据标准，加强监测、信息平台建设和监管；强化水信息发布，定期发布水功能区达标状况、跨界断面水质状况、治污设施运行情况等生态环境信息，充分发挥水利和环保的协同作用；加快推进水信息共享应用，满足水环境管理与公众需求。三是建设水智慧调控网络。加强物联网和“大、云、平、移”等新技术应用，实施全流域水资源科学调度，实现水资源智能科学调控和管理，搭建水智慧管理平台，提高涉水管理部门行政效能、业务履职能力、业务协同能力和社会公众参与水平。四是基于信息化共享平台，构建由政府、企业、用户和协会等多元共治的治理体系。政府应当让企业和公众广泛参与进来，强化企业防治污染的主体责任，使让其主动承担防治责任；调动群众的积极性，保障群众的话语权，群策群力，共治共享，形成环境共治模式。

8.2.6 顶层设计与持续升级并重，在保持水安全治理体系连续性的同时，不断提档升级

统筹新区规划与专项规划的编制与实施，实现顶层设计与基层探索、经济与社会高质量发展、政府与市场相结合，确保新区水安全治理与雄安新区建设协同推进。一是建议由中央牵头制订和实施规划，促进规划纲要与综合性规划、各分项和专业规划有效衔接，实现“多规合一”。二是以《规划纲要》为统领，有效衔接白洋淀所处流域的综合规划、防洪规划、区域规划等，争取

2018 年底前出台白洋淀生态环境治理和保护规划[①]，明确白洋淀流域生态空间优化、水资源保障、水污染治理、生态修复、灾害防治、国家公园建设、政策制度保障等方面建设任务。充分考虑白洋淀不同于水库、湖泊的自然湿地特征，科学制定保护和修复目标，特别是水质标准以及清淤措施。三是积极谋划一批重大工程，如新区供水工程、生态空间建设工程、山水林田湖草生态保护与修复工程、生态环境用水保障工程、入淀河流污染防治工程、城乡污水处理和垃圾处置处理工程、农村与农业面源污染控制工程、淀内移民搬迁工程、淀区内源污染治理工程、洪涝灾害防治工程、生态环境监控预警与风险管控工程等，科学测算资金需求，细化目标要求，制定差异化治理修复方案和实施路线图、时间表，科学确定保护修复的布局、任务与时序，明确责任主体，严格中期评估和终期考核，确保“一张蓝图干到底”。

专栏六 《白洋淀生态环境治理和保护规划（2018 ~ 2035年）》简介

《白洋淀生态环境治理和保护规划（2018 ~ 2035 年）》(简称《白洋淀规划》）由九个章节组成，从生态空间建设、生态用水保障、流域综合治理、新区水污染治理、淀区生态修复、生态保护与利用、生态环境管理创新等方面进行了全方位的规划和统筹设计。

规划从流域治理角度出发，统筹考虑了水量、水质、生态三大要素，以白洋淀水质、水生态恢复目标为抓手，通过补水、治污、清淤、搬迁等措施综合治理，全面恢复白洋淀“华北之肾”功能，使“华北明珠”重放光彩。《白洋淀规划》指出，按照淀区面积 360 平方公里左右、正常水位保持在 6.5 ~ 7.0 米的目标考虑，确定 2022 年之前生态需水量为 3 亿 ~ 4 亿立方米 / 年；从远期需求与配置看，2022 年之后，随着流域和

① 本研究为2018年研究成果。据公开报道，2019年1月，经党中央、国务院同意，河北省委、省政府正式印发《白洋淀生态环境治理和保护规划（2018—2035年）》。

淀区生态环境治理目标逐步实现，生态需水量为3亿立方米/年。为保障淀区逐步恢复至360平方公里，规划将淀内稻田和旱地逐步恢复为湿地，并建立多水源补水机制。

针对入淀河流，《白洋淀规划》从流域控源截污、内源治理生态修复、环境流量保障和加强河道管理等方面提出具体规划要求，确保入淀河流水质达标；工业污染方面，从优化新区产业发展格局、推进传统产业集聚区污染控制等方面提出规划要求；针对新区农村，分别从农村生活污水治理、垃圾治理、农业面源污染防治、养殖污染防治四个方面细化了规划内容。

《白洋淀规划》指出，雄安新区要构建“一淀、三带、九片、多廊”生态空间格局，打造蓝绿交织、清新明亮、水城共融的生态城市。

为全面保护白洋淀湿地生态系统，提升白洋淀生态服务功能，《白洋淀规划》对淀区进行功能区划，确定了约96平方公里的生态功能区，主要保护白洋淀重要的动植物资源及其自然环境，实施严格生态保护管控措施；生态服务功能区，为淀内其他区域，主要展示自然风光和人文景观。

淀区纯水村搬迁是白洋淀生态环境治理和保护重要措施。对纯水村，要大力开展污染防治和生态治理。根据淀区环境整治和生态修复阶段性目标要求，分批有序实施外迁。其中，生态功能区内村庄约2万人先行搬迁，生态服务功能区村庄有序外迁。

《白洋淀规划》的规划期限至2035年，近期至2022年，远景展望至21世纪中叶。至2020年，白洋淀环境综合治理和生态修复取得明显进展；至2022年，白洋淀环境综合治理取得显著进展，生态系统质量初步恢复；至2035年，白洋淀综合治理全面完成，淀区生态环境根本改善，良性生态系统基本恢复。到21世纪中叶，淀区水质功能稳定达标，淀区生态系统结构完整、功能健全，白洋淀生态修复全面完成，展现白洋淀独特的“荷塘苇海、鸟类天堂”胜景和“华北明珠”风采。

坚持长期谋划，将生态文明思想一以贯之，稳扎稳打，按照党中央决策部署一步步推进、久久为功。一要充分认识白洋淀生态保护修复工作是一项长期而艰巨的任务，不是一两年能够见效，必须有“功成不必在我”的思想准备，咬定目标不偏移，坚定有序推进工作，切忌急功近利、做表面文章。二要在工作中着力建立容错、纠错机制，形成规划、建设、工程的动态调整机制，不断对照国家在生态保护、生态补偿、水污染防治、节水等方面的最新理念和要求，实现理念、规划、措施、技术和政策持续升级，将新区打造为北方缺水流域人水和谐生态文明样板区，使新区在生态文明的维度上对全国发挥重要的示范引领作用。三要加强白洋淀流域生态环境基础科学问题研究和对策性研究，系统推进流域生态环境治理技术集成创新与风险管理创新，加快重点区域生态环境治理系统性技术的实施，形成一批可复制可推广的区域生态环境治理技术模式。

8.3 近期行动建议及几个需要深入研究的问题

8.3.1 近期行动建议

按照中央经济工作会议关于先行启动雄安新区重大基础设施建设的要求，近期抓紧启动一批水安全保障项目，并出台相应制度政策。

供水方面，抓紧开展南水北调中线一期雄安干渠工程前期工作，并尽快开工建设。抓紧论证新区水源调蓄工程，初步考虑利用王快、西大洋水库进行调蓄。

防洪方面，抓紧开展新安北堤、萍河左堤、南拒马河右堤、白沟河右堤组成的起步区防洪圈工程；枣林庄枢纽扩建、王村枢纽等泄流工程，白洋淀周边堤防及淀区清障工程，蓄滞洪区安全建设等前期工作，条件成熟的项目尽早启动。

生态方面，尽快实施白洋淀及周边河道综合整治工程，重点整治孝义河、瀑河、漕河、府河等河流入河排污口，清理唐河、府河、孝义河等河道内污水、底泥等。

节水方面，推进大清河山前平原大规模农业节水及地下水超采区治理工程。将大清河流域纳入华北地下水超采区综合治理和耕地河湖休养生息规划试点，专项整治。

制度政策方面，建立融合上游水库调水、引黄入冀补淀、南水北调等多途径、常态化生态补水机制，尽快出台《大清河水系水污染排放标准》。

8.3.2 仍需深入研究的几个问题

通过调研，课题组认为雄安新区通过采取一系列工程和非工程措施，近期水安全基本可以得到保障。但从长期保障来看，新区水安全治理需要对以下六个方面问题深入研究：

（1）雄安新区核心区建成后，能否抗住与1963年8月同等体量的洪水，若情景再现，会出现多大的人员及财产损失；

（2）目前提议的多源调水方案是否可以在今后30 ~ 50年间始终确保，丹江口水库来水量是否会出现衰减，进而对新区以中线水为主的供水体系带来不利影响；

（3）雄安新区满负荷入住后，其污水处理与排放能否保证白洋淀水质不发生污染劣化的要求；

（4）雄安新区的水资源保有量能否维持住40%森林覆盖率和300平方公

里白洋淀水面的远景目标；

（5）能否通过从淀中和淀边合理的居民和村落向淀外搬迁来有效遏制白洋淀的内源污染，搬迁对其他地区带来的资源环境压力如何化解；

（6）实现上述目标需要国家和地方财政在 2035 年前投入多少资金，能否保障。

参考文献

[1] 2030 Water Resources Group. 2009. Charting Our Water Future: Economic Frameworks to Inform Decision– Making. Washington, DC. https://www.2030wrg.org/charting–our–water–future/.

[2] Beekman G. B. Social change and water resource planning and development. International Journal of Water Resources Development, 2002, 18（1）: 183–195

[3] Carr, G., G. Bloeschl, D. P. Loucks. Evaluating participation in water resource management: A review. Water Resources Research, 2012, 48

[4] Eu. Establishing a framework for community action in the field of water policy（2000/60 / EC）. Official Journal of the European Communities, 2000, L327

[5] Ferrier R. C., Edwards A. C., Hirst D., et al. Water quality of Scottish rivers: spatial and temporal trends. Science of the Total Environment, 2001, 265（1–3）: 327–342

[6] Gu Shuzhong, Li Weiming & Jia Shaofeng, A Systematic Evaluation of the State of Water Security in China and a List of Problems, China Development Review, 2018（2）: 53–64

[7] GWI (Global Water Intelligence). 2015. "Market Profile:China's Industrial Water Market." Global Water Intelligence (blog), July.

[8] HLPW (High Level Panel on Water). 2018. Making Every Drop Count: An Agenda for Water Action. New York: HLPW. https://sustainabledevelopment.un.org/content/documents/17825HLPW_Outcome.pdf.

[9] Huang, Q. Q., S. Rozelle, R. Howitt, et al. Irrigation water demand and implications for water pricing policy in rural China. Environment and Development Economics, 2010b, 15, p293–319

[10] Kay D., Ashbolt N., Wyer M. D., et al. Reply to comments on "Derivation of numerical values for the World Health Organization guidelines for recreational waters" . Water Research, 2006, 40 (9): 1921–1925

[11] Khasankhanova G. Public participation to improve water resource management in Uzbekistan. Water Science & Technology, 2005, 51 (3–4): 365–372

[12] Qiao, G., L. Zhao, k.k.klein. Water user associations in Inner Mongolia: Factors that influence farmers to join. Agricultural Water Management, 2009, 96 (5), p822–830

[13] Robert C., U. Femiern, C. Anthony, D. H. Edwardsa. Water quality of Scottish rivers: spatial and temporal trends. The Science of the Total Environment, 2001, 265: 327–342

[14] UN Water (United Nations Water). 2018. "Practice Guidelines for Water Data Management Policy." UN Water, New York, February 1. http://www.unwater.org/practice-guidelines-water-data-management-policy/.

[15] Varghese, Shirley. 2013. Water Governance in the 21st Century: Lessons from Water Trading in the U.S. and Australia. Minneapolis, MN: IATP.

[16] World Bank. 2019. Watershed: A New Era of Water Governance in China — Synthesis Report (English). Water Security Diagnostic. Washington, D.C. : World Bank Group. http://documents.worldbank.org/curated/en/888471561036481821/Watershed-A-New-Era-of-Water-Governance-in-China-Synthesis-Report

[17] World Bank/DRC. 2014. Urban China: Toward Efficient, Inclusive, and Sustainable

Urbanization. Washington, DC: World Bank.

[18] Xie, Jian, Andres Liebenthal, Jeremy J. Warford, John A. Dixon, Manchuan Wang, Shiji Gao, Shuilin Wang, Yong Jiang, and Zhong Ma. 2008. Addressing China's Water Scarcity: A Synthesis of Recommendations for Selected Water Resource Management Issues. Washington, DC: World Bank.

[19] “中国水治理研究”项目组 . 中国水治理研究 . 中国发展出版社 .2019

[20]《完善水治理体制研究》课题组 . 完善水治理体制的思路 . 水利发展研究，2015c（8）：16–22

[21]《完善水治理体制研究》课题组 . 我国水治理及水治理体制的历史演变及经验 . 水利发展研究，2015，15（8）：5–8

[22]《完善水治理体制研究》课题组 . 我国水治理及水治理体制现状分析 . 水利发展研究，2015a（8）：25–33

[23]《完善水治理体制研究》课题组 . 中央与地方涉水事权划分的现状问题与对策建议 . 水利发展研究，2015b（8）：7–11

[24] 包淑梅，姚荣，成文联等 . 我国湖泊湿地面临的问题及其对策研究 . 水资源与水工程学报，2013（4）

[25] 曹伊清，翁静雨 . 政府协作治理水污染问题探析 . 吉首大学学报：社会科学版，2017（3）：103–108

[26] 常纪文，汤方晴，吴平 . 中国水治理的法制建设问题与对策建议 . 国务院发展研究中心调查研究报告，2018 年第 53 号（总 5328 号）

[27] 常纪文 . 推动党政同责是国家治理体系的创新和发展 . 中国环境报，2015–1–22

[28] 常纪文 . 新常态下我国生态环保监管体制改革的问题与建议——国际借鉴与国内创新 . 中国环境管理，2015（5）：15–23

[29] 陈国阶 . 论生态安全 . 重庆环境科学，2002，24（3）：1–3

[30] 陈健鹏，高世楫等 . 我国水治理的行政管理体制及其改革研究 . 国务院发展研究中

心调查研究报告，2018 年第 51 号（总 5326 号）

[31] 陈进，黄薇 . 实施水资源三条红线管理有关问题的探讨 . 中国水利，2011（6）：118–120

[32] 陈雷 . 实行最严格的水资源管理制度保障经济社会可持续发展 . 中国水利,2009(5)

[33] 陈希聪 . 我国跨省流域的管理状况及其改善对策研究 . 吉林大学，2014

[34] 崔胜辉，洪华生等 . 生态安全研究进展 . 生态学报，2005（4）：861~868

[35] 崔岩 . 水资源经济学与水资源管理——理论、政策和运用 . 北京：中国社会科学出版社，2008

[36] 高长波，陈新庚，韦朝海等 . 区域生态安全：概念及评价理论基础 . 生态环境，2006（1）：169–174

[37] 高峻等 . 中国当代治水史论探 . 福建人民出版社，2012

[38] 谷树忠，成升魁等 . 中国资源报告：新时期中国资源安全透视 . 北京：商务印书馆，2010

[39] 谷树忠，李维明 . 关于构建国家水安全保障体系的总体构想 . 国务院发展研究中心调查研究报告，2015 年第 29 号（总 4714 号）

[40] 谷树忠，李维明 . 实施资源安全战略确保我国国家安全人民日报 . 2014–4–29，第 10 版

[41] 谷树忠，李维明 . 向制度要节水——关于健全我国节水制度体系的建议 . 国务院发展研究中心调查研究报告，2015 年第 30 号（总 4715 号）

[42] 谷树忠，李维明等 . 关于构建南水北调中线工程水源保护长效保护机制的建议 . 国务院发展研究中心调查研究报告择要，2016 年第 99 号（总第 2662 号）

[43] 谷树忠，李维明等 . 加强河流生态流量管理，促进“水美中国”建设 . 国务院发展研究中心调查研究报告，2018 年第 47 号（总 5322 号）

[44] 谷树忠，李维明等 . 完善我国洪涝风险管理与保险制度的对策建议 . 国务院发展研究中心调查研究报告，2018 年第 50 号（总 5325 号）

[45] 谷树忠，李维明等 . 我国水权改革进展与对策建议 . 国务院发展研究中心调查研究报告，2018 年第 46 号（总 5321 号）
[46] 谷树忠，李维明等 . 新形势下完善我国最严格水资源管理制度的建议 . 国务院发展研究中心调查研究报告，2018 年第 48 号（总 5323 号）
[47] 谷树忠，李维明等 . 中国水安全现状的系统评价与问题清单 . 国务院发展研究中心调查研究报告，2018 年第 45 号（总 5320 号）
[48] 谷树忠，李维明等 . 中国水治理运用 PPP 模式的现状、问题与对策 . 国务院发展研究中心调查研究报告，2018 年第 49 号（总 5324 号）
[49] 洪庆余 . 中国江河防洪丛书 . 总论卷、长江卷、黄河卷、淮河卷、海河卷、松花江卷、辽河卷、珠江卷 . 中国水利水电出版社 .1998
[50] 胡四一 . 加快改革进程创新水资源管理体制 . 中国水利，2008（23）
[51] 黄河，张旺，庞靖鹏 . 流域综合管理内涵和模式的初步分析 . 水利发展研究，2010（3）.
[52] 黄河，张旺，庞靖鹏 . 流域综合管理内涵和模式的初步分析 . 水利发展研究，2010，10（3）：1–7
[53] 贾绍凤，吕爱锋，韩雁等 . 中国水资源安全报告 . 北京：科学出版社，2014
[54] 贾绍凤，张杰 . 变革中的中国水资源管理 . 中国人口 . 资源与环境，2011，21（10）：102–106
[55] 李成艾，孟祥霞 . 水环境治理模式创新向长效机制演化的路径研究——基于“河长制”的思考 . 城市环境与城市生态，2015（6）：34–38
[56] 李昊，孙婷 . 监督问责机制在最严格水资源管理制度考核中的应用 . 中国水利，2014（13）：15–18
[57] 李晶 . 中国水权 . 知识产权出版社 .2008
[58] 李维明，谷树忠 . 资源安全：国家安全的基点 . 国土资源报，2014–6–6
[59] 李维明，何凡，谷树忠 . 雄安新区水安全治理的对策建议研究 . 中国安全生产科学

技术，2018，14（10）：5–10

[60] 李维明，何凡，谷树忠 . 雄安新区水安全治理的重点领域与关键举措 . 中国水利，2019（1）：6–9

[61] 李维明，何凡，谷树忠 . 雄安新区水安全治理形势、问题与思路 . 中国水利，2018（23）：1–4

[62] 李维明 . 加快推进资源革命，确保国家资源安全，促进生态文明建设 . 国务院发展研究中心调查研究报告，2015 年第 29 号（总 4714 号）

[63] 李维明等 . 雄安新区水安全治理形势、问题与思路 . 国务院发展研究中心调查研究报告，2018 年第 208 号（总 5483 号）

[64] 李维明等 . 雄安新区水安全治理重点领域与关键举措 . 国务院发展研究中心调查研究报告，2018 年第 210 号（总 5485 号）

[65] 李曦，熊向阳，雷海章 . 中国现代水权制度建立的体制障碍分析与改革构想 . 水利发展研究，2002（4）：1–4

[66] 刘芳，孙华 . 水资源项目治理的社会网络动态分析 . 中国人口 • 资源与环境，2012（3）：144–149

[67] 刘倩 .《党政领导干部生态环境损害责任追究办法》评析与建议 . 环境与可持续发展，2015，40（6）：173–175

[68] 刘晓星，陈乐 . “河长制”：破解中国水污染治理困局 . 环境保护，2009（9）：18–20

[69] 刘秀娟，刘妍琳 . 白洋淀流域水资源管理体制建设途径初探 . 资源与产业，2012，14（2）

[70] 刘秀娟 . 白洋淀流域水资源管理体制研究 . 北京：中国农业出版社，2013

[71] 刘扬 . 建立流域为主的水资源管理体制研究 . 华东政法大学，2008

[72] 卢新民，贾鹏飞 . 水务一体化管理的实践与探索 . 水科学与工程技术，2010（S）：6–8

[73] 卢祖国 . 流域内各地区可持续联动发展路径研究 . 暨南大学，2010

[74] 马丁·格里菲斯（英）. 欧盟水框架指令手册 . 水利部国际经济技术合作中心组织翻译 . 中国水利水电出版社，2008

[75] 钱正英，张光斗 . 中国可持续发展水资源战略研究综合报告及各专题报告 . 北京：中国水利水电出版社，2001

[76] 曲格平 . 关注生态安全之一：生态安全问题已成为国家安全的热门话题 . 环境保护，2002（5）：3–5

[77] 任敏 ."河长制"：一个中国政府流域治理跨部门协同的样本研究 . 北京行政学院学报，2015（3）：25–31

[78] 孙炼，李春晖 . 世界主要国家水资源管理体制及对我国的启示 . 国土资源情报，2014（9）：14–22

[79] 陶洁，左其亭，薛会露等 . 最严格水资源管理制度"三条红线"控制指标及确定方法 . 节水灌溉，2012（4），64–67

[80] 汪恕诚 . 再谈人与自然和谐相处——兼论大坝与生态 . 中国水利，2004（8）：6–14

[81] 汪恕诚 . 资源水利：人与自然和谐相处 . 北京：中国水利水电出版社，2003

[82] 王灿发 . 地方人民政府对辖区内水环境质量负责的具体形式——"河长制"的法律解读 . 环境保护，2009（9）：20–21

[83] 王浩 . 西部大开发战略下的西北水资源开发、利用与保护 . 中国水利，2004（1）：17–21

[84] 王金霞 . 资源节约型社会建设中的水资源管理问题 . 中国科学院院刊，2012（4）：447–454

[85] 王书明，蔡萌萌 . 基于新制度经济学视角的"河长制"评析 . 中国人口：资源与环境，2011，21（9）：8–13

[86] 王亚华 . 中国水管理改革进展评估报告 . 国情报告（第十卷 2007 年（上）），2012：21

[87] 王亚华 . 中国水管理改革进展评估报告 . 国情报告 [第十卷 2007 年（上）].2012

[88] 王毅 . 中国的水问题：转型、治理与创新 . 环境经济，2008（4）：27-33

[89] 吴柏海，余琦殷，林浩然 . 生态安全的基本概念和理论体系 . 林业经济，2016，38（7）：19-26

[90] 吴舜泽，姚瑞华，王东等 . 科学把握水治理新形势完善治水机制体制 . 环境保护，2015，43（10）

[91] 吴舜泽，姚瑞华，王东等 . 完善水治理机制需澄清哪些误区？ . 中国环境报，2015-1-6

[92] 吴玉萍 . 水环境与水资源流域综合管理体制研究 . 河北法学，2007，25（7）：119-123

[93] 武见，方洪斌，周翔南等 . 国外水资源管理体制与机制建设研究 . 2016 全国河湖治理与水生态文明发展论坛，2016

[94] 伍立，张硕辅，王玲玲等 . 日本琵琶湖治理经验对洞庭湖的启示 . 水利经济，25（6）：46-48，83

[95] 夏军，张永勇 . 雄安新区建设水安全保障面临的问题与挑战 . 中国科学院院刊，2017，32（11）：1199-1206

[96] 肖笃宁，陈文波，郭福良 . 论生态安全的基本概念和研究内容 . 应用生态学报，2002，13（3）：354-359

[97] 谢剑，王满船，王学军 . 水资源管理体制国际经验概述 . 世界环境，2009（2）：14-16

[98] 谢剑 . 应对水资源危机——解决中国水资源稀缺问题 . 北京：中信出版社，2009

[99] 新华社 . 中共中央关于全面深化改革若干重大问题的决定 . 2013-11-15，http：//news.xinhuanet.com/2013-11/15/c_118164235.htm

[100] 翟平国 . 大国治水 . 中国言实出版社，2016

[101] 张军扩，高世楫 . 中国需要全面的水资源战略和有效的水治理机制 . 世界环境，

2009（2）：17–19

[102] 张宗庆，杨煜 . 国外水环境治理趋势研究 . 世界经济与政治论坛，2012（6）：160–170

[103] 赵亚洲 . 我国水资源流域管理与区域管理相结合体制研究 . 东北师范大学，2009

[104] 郑通汉 . 论水资源安全与水资源安全预警 . 中国水利，2003,（11）：5，19–22

[105] 郑通汉 . 论水资源安全与水资源安全预警 . 中国水利，2003（6）

[106] 中国工程院“西北水资源”项目组 . 西北地区水资源配置、生态环境建设和可持续发展战略研究项目综合报告 . 北京：科学出版社，2003

[107] 周浩，吕丹 . 跨界水环境治理的政府间协作机制研究 . 长春大学学报，2014（3）：21–25

[108] 周宏春，李维明等 . 建设统一规范共享的国家水信息平台 . 国务院发展研究中心调查研究报告，2018 年第 52 号（总 5327 号）

[109] 周珂 . 省以下环保垂直管理意义深远 . 人民日报 . 2016–1–20，第 7 版

附件：相关政策建议报告

附件一

雄安新区水安全治理形势、问题与思路

内容摘要：水是华北地区重要的生态要素和雄安新区的核心战略资源。水安全是新区构建生态城市、打造优美生态环境和改善民生福祉的重要基础，也是新区实现高质量发展的重要保障。雄安新区当前的水资源、水环境、水生态和防洪安全基本态势并不容乐观且治理压力较大，须从宏观层面理清与新区发展定位和目标相匹配的水安全治理思路。为此，一要坚持以规划为遵循，生态优先、统筹推进；二要坚持以工程为基础，多源互补，稳定供给；三要坚持以治“淀”为核心，标本兼治、协同治理；四要坚持以流域为单元，系统施治、齐抓共管；五要坚持以尊重自然为原则，分步实施、分类施策；六要坚持以改革创新为动力，法制保障、长效管理。

关键词：水安全治理　形势　问题　基本思路　雄安新区

作为雄安新区安全体系的重要组成部分，水安全是新区构建生态城市、打造优美生态环境和改善民生福祉的重要基础，也是新区打造“活力之源”、实现高质量发展的重要保障。当前新区的水安全总体形势依然十分严峻且治理压力较大，水资源供需矛盾突出、水污染严重，以及生态用水不足、淀区持续萎缩、生态功能下降等突出问题，已成为制约新区全面建成高质量高水平社会主义现代化城市的明显短板。为此，亟待首先理清思路，为新区水安全治理提供方向指引，有力支撑雄安新区建设发展。

一、水安全在雄安新区建设与发展中具有重要战略地位和作用

（一）水安全是新区安全体系的重要组成部分

作为京津冀地区乃至华北平原的重要生态要素，水对于雄安新区建设举足轻重，不仅具有“鱼米之乡”的经济效应，也是新区聚集人口、发展产业的关键支撑，具有突出的生态功能、资源功能和经济功能，属于新区的核心战略资源。习近平主席在中央国家安全委员会第一次会议中明确提出要构建资源安全、生态安全等于一体的国家安全体系。水安全关系到新区资源安全和生态安全，并会直接影响区域经济安全和社会安全，是雄安新区安全体系的重要组成部分。设立和建设雄安新区是党中央的重要战略决策，是千年大计、国家大事，具有重大现实意义和深远历史意义，势必对水安全保障提出了更高要求。

（二）水安全是新区构建生态城市、打造优美生态环境和改善民生福祉的重要基础

中共中央、国务院批复的《河北雄安新区建设规划纲要》（以下简称《规划纲要》）指出，新区应以“生态优先、绿色发展”等新发展理念为引领，“打

造优美生态环境，构建蓝绿交织、清新明亮、水城共融的生态城市”。作为生态系统的控制性因素，水是新区塑造高品质城区宜居空间，维护区域生态健康的关键所在，其安全保障问题至关重要。保护好、修复好新区的水资源、水环境、水生态，并以此带动整个华北平原生态建设，不断满足人民日益增长的优美生态环境需要，改善民生福祉，是为构建新区生态安全格局、建设美丽雄安、建设美丽中国作出的应有贡献。

（三）水安全是新区打造“活力之源”、实现高质量发展的重要保障

雄安新区建设恰逢国家推动高质量发展的历史性机遇。要把雄安新区打造成新时代高质量发展的全国样板和创新发展试验区，关键在于积极吸纳和集聚创新要素资源、广聚人才。要使各方人才能够来得了、留得住，必须增强雄安新区的吸引力，形成适宜人才发展的配套环境。通过新区水安全治理，统筹生产、生活、生态三大空间，构建蓝绿交织、和谐自然的国土空间格局，塑造高品质城市宜居环境，增强人民群众的获得感、幸福感、安全感，新区就更有条件成为高端人才集聚之地、高端产业发展之地，成为现代旅游业、服务业的兴盛之地。

二、新区水安全总体态势依然十分严峻

（一）水资源总量衰减，缺水态势严重

新区属资源性缺水地区，区内水资源总量和地表径流量匮乏且不断减少。1980 ~ 2015 年间的数据表明，雄安新区多年平均水资源量 1.70 亿立方米，地表水资源量 0.08 亿立方米，地下水资源量 1.69 亿立方米。当地人均水资源量

和亩均耕地水资源量仅为全国平均水平的 8% 和 15%。与此同时，白洋淀以上的地表径流 2001 ~ 2015 年间较 1980 ~ 2000 年间减少 45%。

白洋淀流域还存在水资源开发过度的问题，2001 ~ 2015 年间开发利用率高达 128%，其中，地表水资源开发利用率 86%。白洋淀山前平原浅层地下水埋深从 20 世纪 80 年代初期的 6 米下降到目前的 25 米左右，累计超采约 230 亿立方米。8 条入淀河流中，除白沟引河、府河和孝义河外，其他河流基本常年断流。南水北调中线一期、引黄入冀补淀是区域主要外调水工程。

未来随着雄安新区的建设发展，人口和产业必将发生跨越式增长，经济社会用水需求将明显增加，用水格局将发生巨大改变且以刚性需求的生活用水为主，需要充足的水量、优良的水质和高保证率的水资源供给。目前的供水工程体系基本只能满足原来雄县、安新和容城当地以农业用水为主的需求。未来必须科学配置水资源，开展相应的供水、调蓄、补水、连通和调度工程建设，并构建高效的监测、管理体系，才能支撑新区经济社会发展需求。

（二）水污染严重，水环境承载力不足

近年来，白洋淀水质长期处于Ⅳ类—劣Ⅴ类之间，富营养化问题突出。淀区及以上 47 个水功能区中，现状水质达标的仅有 10 个。淀外污染源尚未彻底切断，污染物总量居高不下，对淀区污染贡献率达到一半，白洋淀上游主要污染物化学需氧量（COD）和氨氮年入河量分别超出现状限排总量的 3.3 倍和 13.1 倍，水功能区水质达标率仅为 27.7%，约 1/3 水域水质为Ⅴ类，2/3 为劣Ⅴ类，COD、五日生化耗氧量和总磷等污染物严重超标。

同时，淀区内居民生活、农业生产以及大规模粗放式养殖等造成严重的内源污染问题，对淀区污染的贡献超过 30%。其中，农业面源污染严重。淀区化肥农药使用量大，利用率偏低。主要农作物农药和化肥利用率只有 38% 左

右，远低于发达国家50%的水平，造成农田土壤和地下水污染。畜禽粪便处理设施建设相对滞后，资源化利用率低。农田残膜回收率不足40%。在标准地膜和降解地膜示范推广、残膜捡拾、收集、运输、加工等各个环节的补贴和利益链条机制尚未建立，缺乏扶持政策和激励措施，农民和企业回收加工的积极性不高。

（三）水生态受损，生态空间严重萎缩

20世纪80年代以来，由于长期缺水，以及非法围埝、毁苇造田、无序开发等原因，白洋淀淀区大幅萎缩，面积由20世纪80年代的366平方公里下降到2015年实施“引黄济淀”工程后的78.5平方公里；迄今有20年出现干淀现象，目前仅靠应急补水维持。

原国家林业局开展的专题研究表明，白洋淀湿地不断受到蚕食，受道路交通及城镇建设、围垦、过度捕捞和采集影响的湿地面积达100平方公里。与此同时，20世纪60年代以后，白洋淀上游河流陆续修建了143座水库，截流严重，加之白洋淀是个“浅盘子”，在开春灌溉和水面蒸发影响下，水位下降迅速，导致白洋淀湿地泥沙淤积极为严重，湿地受威胁等级达到重度，生态状况严重恶化。

由于生态状况严重恶化，造成生态功能下降，生物多样性锐减。淀内浮游生物由原先129属减少到85属，原生动物由35种减少到23种，轮虫由60种减少到42种；维管束植物数量锐减，现已零星分布；鱼类由16科54种减少至12科35种，溯河鱼类和顺河入淀鱼类基本消失或绝迹。鱼类资源趋于小型化、低龄化和杂鱼化，且死鱼事件频发，仅1998～2006年期间就发生了9次大面积死鱼事件，严重时造成渔业损失近千万元。而芦苇产量由60年前每年8000万吨下降到目前不足4500万吨。

（四）防洪体系尚不完善，安全风险较高

雄安新区的洪涝灾害风险较高，防洪风险不容忽视。新区地势低洼，平均海拔 83 米，比白洋淀滞洪水位低 3 ~ 5 米，比北部兰沟洼设计滞洪水位低 8 ~ 10 米。蓄滞洪区及洼淀堤防不达标、无进退洪控制设施、安全保障严重滞后，流域中游骨干河道尚未进行彻底治理，白沟河、新盖房分洪道防洪标准仅为 10 年一遇，白洋淀千里堤防洪标准不足 50 年一遇。

现白洋淀蓄滞洪区内居住约 70 万人，其中淀区约 10 万人。大清河流域近 300 年发生较大水灾 12 次，据中科院地理所模拟结果显示，一旦发生 100 年一遇的洪涝灾害，新区淹没面积将达 61%。

三、新区水安全治理面临诸多挑战

（一）尚未形成与新区水安全战略地位相匹配的理念认识与制度优先安排

对水安全在雄安新区建设发展中作用举足轻重的认识尚存不足，规划衔接上存在断层。《规划纲要》提出保障新区水安全和实施白洋淀生态修复，但限于篇幅、多为宏观性描述。“生态优先、绿色发展”理念尚未完全形成，理念认识不足造成工作层面上容易形成误区，重建设、轻生态，重总体规划制定、轻专项规划实施。《规划纲要》出台后，对理应先行的新区水安全治理和白洋淀生态环境保护和治理规划重视不够、进展缓慢，与新区规划纲要、雄安新区建设进度出现脱节。实践表明，水安全治理与经济社会发展是极其复杂的问题，解决这一系列问题是一个复杂而长期的系统工程，需要转变观念，提高认识，避免“边规划边建设”的老问题，确保水治理规划等相关制度安排先行于

经济建设。

（二）尚未形成推动新区水安全治理的法制保障与长效机制

河北省曾专门针对白洋淀制订了一些规章，但多数已废止，如《河北省白洋淀水体环境保护管理规定》等。目前，《白洋淀水污染防治条例》尚未实施、《河北省白洋淀水面有偿使用管理费收费办法》（1993年）尚在发挥一定作用、但时效性差。法制保障不足使得新区在水资源保障、水污染防治、水生态修复、区域流域联防联控、生态补偿等方面未能形成长效制度保障，容易出现多头管理、权责不清、执法推诿、效率低下等问题，造成流域环境污染、生态恶化、补水不能持续、淀内农村污染加剧等问题。

（三）尚未形成流域协同共治的有效体制机制

新区所处白洋淀流域汇水面积3.12平方公里，影响至冀中南各市及北京、天津、山西范围，需要从流域尺度进行统筹治理。然而，目前白洋淀流域生态环境协同治理的体制机制尚不健全。新区三县环保力量薄弱，技术装备水平低下；近期刚刚组建成立的新区生态环境局，作为省环保厅的派出机构，接受省厅和雄安新区的双重领导，以省厅为主，但在人员、技术、资金等基础能力方面仍较为薄弱，加之区域内河长制落实不到位，使得难以适应新区及白洋淀繁重的环境治理要求。同时，尽管河北省也曾建立过专门的白洋淀统管机构——河北省白洋淀领导小组，但目前处于名存实亡状态。其下设的白洋淀管理处作为领导小组的常设办事机构，与河北省水利厅大清河管理处一套人马两个牌子，在实际中也未能充分发挥管理协调白洋淀流域治理和开发利用的职能。

（四）尚未形成与新区战略地位相匹配的资源生态环境标准体系

现行节水和生态环境标准体系以国家标准体系为主，整体水平不高，难以满足新区高质量的资源节约和生态环境保护要求。以污水排放标准为例，虽然新区和白洋淀上游所有城镇污水处理厂和排水企业均执行当前最严格的《城镇污水处理厂污染物排放标准》（GB18918–2002）一级A标准（以COD为例，限值50毫克/升），但与白洋淀要达到的III类水质（COD限值20毫克/升），以及入淀河流要达到的III类或IV类水质（COD限值30毫克/升）仍有很大差距。污水虽能够达标排放，但由于排放量大，水环境容量小，仍会导致河流整体水质恶化。

（五）尚未形成有效解决治理资金瓶颈的多元化投入机制

随着新区建设进程的加速和区外人口的快速聚集，现有环境保护设施已不能满足新区水安全治理的需要，如保定市等城镇污水处理能力不足、配套管网建设不完善、排放标准与环境质量标准有差距、乡镇污水处理设施缺乏等问题突出。加之历史遗留的生态环境问题仍未得到彻底解决，新区在污水处理和垃圾处置、疏补水工程建设与通道防护、生态保护与修复、生态环境监测等基础设施建设方面将面临巨大的资金压力。而目前保定市及环淀县市普遍财政拮据，很多规划项目因资金筹措困难，前期工作进展较慢，仅靠河北省和环淀区各县市财政很难解决问题，必须多渠道筹措治理资金。

四、创新雄安新区水安全治理思路

（一）坚持以规划为遵循，生态优先、统筹推进

新区的水安全治理，尤其是白洋淀及其流域的生态保护与修复，是一项长期的历史性任务，也是一项复杂的系统工程，规划则是实施这项系统工程的“第一道工序”。必须坚持以《规划纲要》为统领，强化规划体系建设，密切

衔接新区所处区域、白洋淀所处流域的相关规划，抓紧完善出台新区水安全治理以及白洋淀生态环境治理和保护规划，并优先安排，确保其与雄安新区建设统筹推进。

（二）坚持以工程为基础，多源互补，稳定供给

工程项目是一项牵一发而动全身的重要工作，是推动雄安新区水安全治理的重要载体和抓手。须坚持以工程项目为基础，加快恢复入淀河流水系的“自然动脉”功能，打通南水北调中线工程、南水北调东线工程等重大调配工程向新区供水通道，发挥王快、西大洋等上游水库调蓄功能，保障赵王新河、大清河等出淀河流通畅，进而形成流域上下游和区域内外互连互通、联动联调、高效稳定的水资源安全保障网。

（三）坚持以治淀为核心，标本兼治、协同治理

白洋淀地处华北平原中部，是华北地区最大、最典型的淡水浅湖型湿地，在泄洪蓄洪、调节气候、控制污染、保护物种多样性和维持生态平衡等方面发挥着巨大作用，被称为“华北之肾”。作为生态环境的主要控制性因素，白洋淀的水资源、水环境、水生态是雄安新区湿地、农田、森林、生物多样性等其他生态要素的基础。水本应是新城建设的优势资源要素，但鉴于目前白洋淀严峻的生态环境形势，水又成了新区资源和生态环境的短板因子。为此，新区要坚持从水出发，以治淀为核心，以国家大力推进山水林田湖草生态保护修复为契机，突出主要问题解决和主导功能提升，协同推进自然生态各要素整体保护、综合治理、系统修复。同时，水污染问题的解决，表现在河淀，根子在陆上，必须坚持水域陆域和淀内淀外协同，标本兼治、系统治理，切忌“边污染边治理”。

（四）坚持以流域为单元，系统施治、齐抓共管

白洋淀流域生态问题不是孤立的、突发的，而是伴随着整个华北平原生态退化长时间累积而成的。必须基于全流域生态改善，甚至着眼华北平原生态环境全局的角度治理修复白洋淀流域。要以流域为单元，坚持内外结合、量质并重、水陆域统筹、上下游联动，综合运用结构优化、污染治理、污染减排、达标排放、生态保护、生态修复等多种手段，系统治理修复白洋淀流域。同时，水资源和生态用水保障也要流域一盘棋，通过深度节水，强化地下水超采治理，科学配置流域自身水资源和外调水，实现河淀“能存水、可流动”。

（五）坚持以尊重自然为原则，分步实施、分类施策

解决新区水安全问题既要找准切入点，解决紧迫问题，还要尊重流域生态系统的结构化、差异化特性及其内在的自然规律，坚持人与自然和谐共生，给生态系统休养生息的时间。要充分认识新区水安全治理尤其是水生态保护与修复任务的长期性与艰巨性，立足当前、着眼长远，根据需要与可能，“因河制宜、因地制宜”逐步推进新区水资源生态环境治理。按照这个思路，近期应以解决水环境治理和白洋淀生态用水保障问题为重点，远期要解决整个流域的地下水超采问题，通过逐步恢复地下水位，建立区域良性水循环，借自然之力从根本上解决新区水安全问题。

（六）坚持以改革创新为动力，法制保障、长效管理

新区水安全治理工作时间紧、任务重、难度大，对治理能力提出很高要求，必须坚持依靠改革创新，破除现有体制机制壁垒，有效提升资源与生态环境治理能力。必须坚持用最严格制度最严密法治保护生态环境，加快制度创

新，深入探索利于新区与白洋淀生态系统保护和修复的生态文明制度体系，并强化制度执行，让制度成为刚性约束和不可触碰的高压线。同时，必须加强党的领导，在合理划分各级政府事权和支出责任基础上，落实“党政同责”“一岗双责”；动员全社会积极参与，推动政府履职尽责、社会共治；充分发挥市场机制引导作用，激励与约束并举，进而形成长效机制，实现源头严防、过程严管、后果严惩。

（载于《国务院发展研究中心调查研究报告》[2018年第208号（总5483号）]）

附件二

雄安新区水安全治理重点领域与关键举措

内容摘要：水安全在雄安新区具有重要战略地位和作用，科学构建与新区发展定位和目标相匹配的水安全治理体系至关重要。为此，一要坚持调水与节水并重，构建供给可靠、利用高效的水资源保障体系；二要坚持减排与治污并重，建立涵盖源头减污—处理回用—末端治理全过程的水环境治理体系；三要坚持生态与活水并重，构建以良好水生态系统为基石的新区生态景观格局；四要坚持城镇布局与防洪排涝并重，打造以河道堤防为基础、大型水库为骨干、蓄滞洪区为依托的防洪排涝工程体系；五要坚持制度创新与能力建设并重，建立健全水安全治理的内生动力机制；还要坚持顶层设计与持续升级并重，在保持水安全治理连续性的同时，不断提档升级。

关键词：水安全　治理　重点领域　关键举措　雄安新区

雄安新区建设发展是“千年大计、国家大事”。建立健全雄安新区水安全治理体系，提升治理能力，是生态文明建设的内在要求，也是确保新区总体安全、推动新区治理体系与能力现代化的重要组成部分。抓住目前“有条件有能力解决生态环境突出问题的‘窗口期’”，系统明确新区水安全治理重点领域与关键举措，加大水安全治理力度，夯实新区建设与发展的资源环境基础。

一、调水与节水并重，构建供给可靠、利用高效的水资源保障体系

在水资源供给端，用好外调水，用足再生水，用活地下水，形成多源互补的水资源综合保障体系。一要坚持空间均衡、全区域配置的原则，统筹配置当地地表水、地下水、非常规水以及引黄入冀补淀水、南水北调中线和东线水等多种水源。二要在综合考虑其他区域经济社会合理用水和生态环境基本用水的基础上，统筹调整新区用水总量控制指标和南水北调水水量分配指标。三要考虑未来将雄安新区纳入南水北调东线工程后续规划供水范围，有力保障新区长远水资源安全。第四，还要立足生态修复，划定新区和淀区生态保护红线，秉承系统治理原则，林水一体推进，广泛开展造林绿化行动，注重总结完善新区“千年秀林”的做法，改善植被条件，逐步涵养扩大内生水源。需要指出的是，在确定生态修复目标时要充分考虑当地的自然条件，尤其是森林植被营造时，必须要考虑当地降雨量选择适当的植被建设规模，量水而行，乔灌草相互结合，人工营造和自然封育相结合，借助自然之力恢复森林植被。

在水资源需求端，以提高水资源利用效率和效益为核心，坚持节水优先，深入推进节水型社会建设，建立节能节水式经济发展模式，从源头上拧紧水资源需求管理的阀门。一是设置用水效率准入门槛，控制水资源需求增量。主要包括合理布局产业结构与规模，严格用水效率准入门槛，大力推广绿色建筑，全面普及节水器具等措施。二是大力加强各行业节水，压缩水资源需求存量。在农业方面，大幅压缩农业种植面积，调整现有冬小麦—夏玉米复种的高耗水种植结构，全面推行高效节水灌溉，实施农业灌溉用水智能计量管理；在工业方面，加快淘汰与新区定位不符的高耗水高污染企业，提升改造存留产业的节水工艺技术。

二、减排与治污并重，建立涵盖源头减污—处理回用—末端治理全过程的水环境治理体系

在源头减污环节，严格产业准入管制，严把高耗水、高污染项目准入关，高起点布局高端高新产业，从源头上构筑起高耗水、高污染项目“绿色屏障”。一是新区及周边和上游地区协同制定产业政策，实行负面清单制度，明确空间准入和环境准入的清单式管理要求，落实规划和环评的刚性约束，推进绿色发展示范引领；同时，注重运用互联网、大数据、人工智能等新技术，提升传统产业的清洁生产和资源综合利用水平。二是划定白洋淀淀区、淀边缓冲区、生态保障区、生态屏障区、水源涵养区等各类功能区，实施差异化的分区治理管控策略。三是提出白洋淀流域沿线限制开发和禁止开发的岸线、河段、区域、产业以及相关管理措施，不符合要求占用岸线、河段、土地和布局的产业，必须无条件退出。严控在中上游沿岸地区布局新建重化工项目。

在处理回用环节，突破现有技术标准，探索与新城功能定位和流域水资源条件相适应的新高标准。一要以流域河流、淀区水环境容量和水质保护为目标要求，创新建立排放水质与地表水体环境质量对接、污染物近零排放等新技术标准，建立区域污染物排放限值标准体系，研究出台《大清河水系水污染排放标准》，实施入淀河流水质目标管理，从更大流域范围和体系减少水污染物的排放。二要摒弃通常达标即可排放的做法，重新确定新区的排污标准。要按照纳污能力确定排放总量，再结合区域人口和产业规模进行倒算，确定新区更高的排污标准，以确保实现新区生态环境保护修复目标。建议制定和落实规划时，参照美国迈阿密等国际先进湿地保护经验，在白洋淀周边建设缓冲区，根据排放物具体种类和分解要求，进行植物选择性种植，实现处理达标后的污水在缓冲区再次进行有针对性高效吸收分解，之后再排入天然淀区湿地。三是推进新区尤其是流域内污水处理厂提标改造、工业污染源治理，强化城镇、淀边

村污水管网建设和污水处理设施建设，实现污水集中处理，有效治理农业面源污染、治理和控制内源污染，确保生产生活污水不入淀。

在末端治理环节，排查白洋淀流域工业点源污染、农田面源污染、生活污染来源，率先进行重点地区治理。一是以府河、孝义河、白沟引河为重点，清查入淀河流污染排放现状，按序推进河道疏浚、污水库和污水塘治理及清水生态廊道建设。二是按底泥污染程度和分布，推进重点地区清淤工作，结合新区植树绿化、道路建设，加强底泥资源化利用。清淤工程还要兼顾生态环境保护与水动力联通与扩容。

三、生态与活水并重，打造以良好水生态系统为基石的新区生态景观格局

合理布局新区生态空间。一是规划建设河口湿地、浅滩湿地、堤岸、湖滨缓冲带、生态岛屿、鸟类栖息地等景观类型，增强区域污染防护、自净能力，打造健康优美的湿地生态。二是按照“生态先行、动静分区、人景交融”的设计理念，秉承自然格局不变的原则，通过静态保育区和动态活动区的分区布置，将生态景观和人文景观有机融合起来，形成人与自然和谐相处的生态文化淀区。

连通水系，加大水体流动与更新。一是根据白洋淀流域现状，加强湿地、河流等有机联系，形成以白洋淀为芯，众多河流水系为生态廊道的生态网络体系，以白洋淀的系统治理带动整个流域生态功能的修复。二是开展上游安各庄、西大洋、王快、龙门等水库的联合调度，逐步恢复白沟引河、萍河、瀑河、曹河、府河、唐河、孝义河、潴龙河等八条入淀河流水系廊道功能，串联兰沟洼、白洋淀和文安洼三大湿地系统，保障赵王新河、大清河通畅，形成流域上下游和区域内外互连互通、联动联调、丰枯互补、管理高效的水生

态修复网。

加强新区生态用水保障。一是建立融合上游水库调水、引黄入冀补淀、南水北调等多途径、常态化生态补水机制，保障下游河道枯水期生态基流和白洋淀生态用水需求。二是优化新区用水结构，发展节水农业和低耗水产业，提高水资源利用效率，缓解径流量下降和地下水渗漏，增加天然入淀水量，恢复新区和白洋淀水—生态—环境系统内循环。

四、城镇布局与防洪排涝并重，完善以河道堤防为基础、大型水库为骨干、蓄滞洪区为依托的防洪排涝工程体系

合理安排新区城镇布局，科学规划防洪排涝、构建完善的防洪排涝工程体系。在建设雄安新区防洪体系时，首先考虑流域防洪体系构建，一方面要全面加固白洋淀周边围堤，达到规划确定的防洪标准，建设分洪口门，实施入淀河流河口清淤，扩大枣林庄枢纽下泄规模；另一方面，要结合淀区生态修复，在淀南、淀西建设缓洪滞洪区，留出蓄滞洪空间。同时，必须严格控制淀区人口规模，特别是新区组团和特色小镇防洪标准较高，选址要避开洪水风险较高的区域，尽可能布局在蓄滞洪区以外。

未雨绸缪，提早启动新区及流域防洪工程建设。大清河流域一旦发生大洪水，对新区防洪安全威胁巨大，应引起高度重视。为此，应从全流域综合考虑新区防洪安全，统筹上下游洪水安排，按照“上蓄、中疏、下排、适当地滞”的防洪方针，完善以河道堤防为基础、大型水库为骨干、蓄滞洪区为依托的防洪工程体系，突出重点、分区设防，合理协调蓄滞泄关系，保障新区及下游地区防洪安全。具体而言，白洋淀是流域重要蓄滞洪区，承担保障新区和下游天津市防洪安全的重要任务。根据新总体规划对防洪的要求，摸清流域和区域水资源、水生态环境状况，对保障新区防洪安全、供水安全和水生态安全进行总

体考虑。抓紧研究论证流域及新区防洪排涝方案，启动防洪工程建设，对看得准、有必要的堤防开展加固、蓄滞洪区建设。充分发挥白洋淀蓄滞洪区功能和作用，确保新区和流域防洪安全。

五、制度创新与能力建设并重，建立健全生态保护与修复的内生动力机制

加快体制机制改革创新步伐，营造有利于生态优先、绿色发展的政策环境，推动区域协同联动，全面提升白洋淀流域生态环境协同保护水平。一是研究出台新区水安全治理条例或白洋淀（流域）生态环境保护条例，明确地方政府与流域机构责权利，强化生态环境执法监督与问责，形成新区和白洋淀流域水资源保障、水环境治理、生态修复、水灾害防治、区域流域联防联控、生态修复、生态补偿等方面的长效制度安排。二是在有效衔接环保机构省以下垂直管理改革、“河长制”、按流域设置环境监管和行政执法机构与相关问责机制等基础上，探索设立统一、高层次的白洋淀流域管理机构，统筹加强区域水资源保护、水污染治理、水生态修复、水灾害防治等方面的协调和履职能力，同时加快建立区域流域联防联控机制，强化整体性、专业性、协调性区域合作。三是深化各级河长制，构建新区水安全评价考核指标体系，建立流域上下游、区域间水资源、水生态、水环境责任机制、考核机制和问责机制，对跨区的断面水量、水质进行严格的监测、考核和问责。四是通过财政转移支付、项目投入、设立生态补偿基金以及推动区域内横向补偿等方式，加快建立江河源头区、集中式饮用水源地、地下水超采综合治理、水土流失重点预防区和重点治理区、重要蓄滞洪区、淀区生态治理与修复、跨界断面水质目标考核等流域生态补偿机制，全面实行生态环境损害赔偿制度，探索建立市场化的湿地补偿银行制度，对维护新区和流域生态良好而作出牺牲的区域进行补偿，激发这些地

区投入生态建设和保护的积极性。五是建立水价良性形成机制，根据分水源供水（当地水、外调水，地表水、地下水）、分类用水（城镇居民用水与非居民用水、农业用水）、分质供水（新鲜水、再生水、中水），按照补偿成本、合理盈利，科学核定水价格体系，促进水资源合理开发利用，提高用水效率，遏制地下水超采，修复水生态。六是探索建立多元化、市场化的投融资机制。将白洋淀生态环境治理修复纳入国家战略，加大中央专项资金对白洋淀环境治理和生态保护重大项目的支持，加大国家对地方政府债权、预算类投资资金的支持。鼓励流域内各级政府共同出资建立水安全治理基金，发挥政府资金撬动作用，吸引社会资本投入，实现市场化运作、滚动增值；采取债权和股权相结合的方式，重点支持环境污染治理、退田还湿、疏浚清淤、水域和植被恢复、湿地建设和保护、水土流失治理等项目融资，降低融资成本与融资难度。要加大地方各级政府资金投入，创新投融资机制，鼓励、引导和吸引社会资金以PPP模式、特许经营、土地综合开发、生态旅游开发等多种形式参与新区和流域生态环境保护与修复。健全绿色金融体系，鼓励发展绿色债券等金融产品和服务，建立健全洪涝风险管理和保险制度，推行污染强制责任保险等绿色金融制度。

建立以流域为基础，以大数据为特征，以信息共享、多元共治为目标的现代化水安全治理体系。一是建设全流域统一的生态环境监测网络和预警系统。统一布局、规划建设覆盖环境质量、重点污染源、生态状况的生态环境监测网络。建立白洋淀流域入河排污口监控系统。建立白洋淀流域水质、水量、灾害监测预警系统，开展资源环境承载能力监测预警和评估，对用水总量、污染物排放超过或接近承载能力的地区，实行预警提醒和限制性措施。强化突发环境事件预防应对，严格管控环境风险。加强水体放射性和有毒有机污染物监测预警，提高水生生物、陆生生物监测能力。二是建立统一、规范和共享的水信息平台。整合现有白洋淀涉水数据信息资源；统一数据标准，加强监测、信息平台建设和监管；强化水信息发布，定期发布水功能区达标状况、跨界断面水质状况、治污设施运行情况等生态环境信息，充分发挥水利和环保协同作用；加快推进水信息共享应用，满足水环境管理与公众需求。三是建设水智慧调控网络。加强物联网和“大、云、平、移”等新技术应用，实施全流域水资源科学调度，实现水资源智能科学调控和管理，搭建水智慧管理平台，提高涉水管理部门行政效能、业务履职能力、业务协同能力和社会公众参与水平。四是基于信息化共享平台，构建由政府、企业、用户和协会等多元共治的治理体系。政府应当让企业和公众广泛参与进来，强化企业防治污染的主体责任，使其主动承担防治责任；调动群众的积极性，保障群众的话语权，群策群力，共治共享，形成环境共治模式。

六、顶层设计与持续升级并重，在保持水安全治理连续性的同时，不断提档升级

统筹新区规划与专项规划的编制与实施，实现顶层设计与基层探索、经济与社会高质量发展、政府与市场相结合，确保新区水安全治理与雄安新区建设协同推进。一是建议由中央牵头制订和实施规划，促进规划纲要与综合性规划、各分项和专业规划有效衔接，实现“多规合一”。二是以《规划纲要》为统领，有效衔接所处流域的综合规划、防洪规划、区域规划等，争取 2018 年底前出台新区水安全治理或白洋淀生态环境治理规划，明确白洋淀流域生态空间优化、水资源保障、水污染治理、生态修复、灾害防治、国家公园建设、政策制度保障等方面建设任务。充分考虑白洋淀不同于水库、湖泊的自然湿地特征，科学制定保护和修复目标，特别是水质标准以及清淤措施。三是积极谋划一批重大工程，如新区供水工程、生态空间建设工程、山水林田湖草生态保护与修复工程、生态环境用水保障工程、入淀河流污染防治工程、城乡污水处理

和垃圾处置处理工程、农村与农业面源污染控制工程、淀内移民搬迁工程、淀区内源污染治理工程、洪涝灾害防治工程、生态环境监控预警与风险管控工程等，科学测算资金需求，细化目标要求，制定差异化治理修复方案和实施路线图、时间表，科学确定保护修复的布局、任务与时序，明确责任主体，严格中期评估和终期考核，确保“一张蓝图干到底”。

坚持长期谋划，将生态文明思想一以贯之，稳扎稳打，按照党中央决策部署一步步推进、久久为功。一要充分认识新区水安全治理尤其是白洋淀水生态保护修复工作是一项长期而艰巨的任务，不是一两年能够见效，必须有“功成不必在我”的思想准备，咬定目标不偏移，坚定有序推进工作，切忌急功近利、做表面文章。二要在工作中着力建立容错、纠错机制，形成规划、建设、工程的动态调整机制，不断对照国家在生态保护、生态补偿、水污染防治、节水等方面的最新理念和要求，实现理念、规划、措施、技术和政策持续升级，将新区打造为北方缺水流域人水和谐生态文明样板区，使新区在生态文明的维度上对全国发挥重要的示范引领作用。三要加强白洋淀流域生态环境基础科学问题研究和对策性研究，系统推进流域生态环境治理技术集成创新与风险管理创新，加快重点区域生态环境治理系统性技术的实施，形成一批可复制可推广的区域生态环境治理技术模式。

（载于《国务院发展研究中心调查研究报告》[2018 年第 210 号（总 5485 号）]）